Procreate

イラスト入門

［著］**s!on**

［編］リンクアップ

技術評論社

目次 contents

第1章 Procreateの基本

Section	01	Procreateでできること	010
Section	02	Procreateの利用に必要なデバイス	012
Section	03	iPad版とiPhone版の違い	014
Section	04	Procreateをインストールする	016
Section	05	基本画面を確認する	018
Section	06	自分に合わせて環境設定を変更する	022
Section	07	QuickMenuを活用する	026
Section	08	ジェスチャで操作する	028

第2章 ギャラリーで管理する

Section	09	ギャラリー画面を確認する	034
Section	10	新規キャンバスを作成する	037
Section	11	カスタムキャンバスを作成する	038
Section	12	スタックを作成してギャラリーを整理する	040
Section	13	ファイルを読み込む／アートワークを共有する	042
Section	14	タイムラプスビデオを書き出す	044
Section	15	アートワークを削除する	046

第3章 ブラシの活用

Section 16 キャンバスに線を描く ────────────────── 048

Section 17 ブラシのライブラリを確認する ────────────── 051

Section 18 ブラシの種類 ───────────────────── 054

Section 19 ブラシをカスタマイズする ──────────────── 060

Section 20 ブラシを読み込む ─────────────────── 064

第4章 レイヤーの活用

Section 21 レイヤーでできること ─────────────────── 068

Section 22 レイヤーパネルを確認する ──────────────── 070

Section 23 新規レイヤーを追加する ───────────────── 072

Section 24 画像をレイヤーとして読み込む ─────────────── 073

Section 25 不透明度を変更する ─────────────────── 074

Section 26 レイヤーをグループ化する ───────────────── 075

Section 27 レイヤーオプションを活用する ─────────────── 076

Section 28 ブレンドモードで加工する ───────────────── 081

Section 29 背景色を指定する ─────────────────── 085

Section 30 レイヤーをロックする ────────────────── 086

Section 31 レイヤーを複製する ─────────────────── 087

Section 32 レイヤーを削除する ─────────────────── 088

目次 contents

第5章 カラーの活用

Section 33 　カラーパネルを確認する ……………………………………… 090

Section 34 　ColorDrop で塗りつぶす …………………………………… 092

Section 35 　連続して塗りつぶす ………………………………………… 094

Section 36 　スポイトで色を選択する …………………………………… 095

Section 37 　ディスクで色を指定する …………………………………… 096

Section 38 　クラシックで色を指定する ………………………………… 098

Section 39 　ハーモニーで色を指定する ………………………………… 100

Section 40 　値で色を指定する …………………………………………… 102

Section 41 　パレットで色を指定する …………………………………… 104

Section 42 　カラープロファイルを利用する …………………………… 106

第6章 選択と変形で整える

Section 43 　選択と変形でできること …………………………………… 108

Section 44 　選択の基本操作 ……………………………………………… 109

Section 45 　選択モードを変更する ……………………………………… 110

Section 46 　選択範囲を編集する ………………………………………… 112

Section 47 　変形の基本操作 ……………………………………………… 115

Section 48 　変形モードを変更する ……………………………………… 116

Section 49 　変形の種類 …………………………………………………… 118

第7章 調整で加工する

Section 50　色を調整する ··· 122

Section 51　ぼかす ··· 126

Section 52　加工する ··· 129

第8章 描画ガイドで効率化する

Section 53　QuickShape で図形を描く ·· 138

Section 54　描画ガイドを表示する ·· 142

Section 55　2D グリッドを編集する ·· 144

Section 56　アイソメトリックガイドを編集する ··· 145

Section 57　遠近法ガイドを編集する ··· 146

Section 58　対称ガイドを編集する ·· 148

目次 contents

第9章　3Dペイントの活用

Section 59　3Dペイントでできること 152

Section 60　3Dペイントの操作方法 154

Section 61　レイヤーを使って3Dモデルにペイントする 156

Section 62　照明スタジオで3Dモデルを仕上げる 158

Section 63　3Dモデル／3Dペイントを共有する 160

第10章　アニメーション／漫画の作成

Section 64　アニメーションを作成する 164

Section 65　フレームを操作する 166

Section 66　ループアニメにする 168

Section 67　フレームオプションでできること 169

Section 68　アニメーション背景を設定する 170

Section 69　アニメーションを共有する 171

Section 70　複数ページの作品を作成する 172

Section 71　ページアシストでできること 174

Section 72　テキストを追加する 176

Section 73　ページを管理する 178

第11章 s!onのメイキング

Making 1-1 下書き 180

Making 1-2 カラーラフ 181

Making 1-3 厚塗り 184

Making 1-4 調整 190

Making 2-1 下書き・線画 192

Making 2-2 カラーラフ 193

Making 2-3 取捨選択 196

Making 2-4 背景 201

Making 2-5 調整 202

　　　　　　索引 204

ダウンロード特典について

11章でのメイキング解説に使用したイラストをサンプルファイルとして提供しています。
以下URLにアクセスし、注意事項をご確認のうえダウンロードしてください。

https://gihyo.jp/book/2023/978-4-297-13597-3/support/

■注意1
同梱されているイラストデータはフリー素材ではありません。このテキストを含め、著作権はすべて著作権者が有します。許可のないイラストデータの配布・加工・販売・貸与・譲渡などはすべて禁止とします。

■注意2
本書出版にあたっては十分な注意をはらい制作しておりますが、同梱のデータに欠陥がないことを完全に保証できるものではありません。あらかじめご承知おきください。同梱データの使用によって生じたいかなる損害・不利益についても、株式会社技術評論社および著者は一切の責任を負いません。あらかじめご了承ください。

注意事項

第1章
Procreate の基本

Procreate は iPad 向けに開発されたデジタルイラストレーションアプリです。本格的なイラストも描けることからプロのイラストレーターにも愛用されています。この章では Procreate でできることを確認しましょう。

Section 01 Procreate でできること

「Procreate」はiPadで利用できるデジタルイラストレーションアプリです。ここでは、Procreateでできることを紹介します。

Procreate でできるさまざまなこと

デジタルイラストの作成

Procreateには鉛筆やゲルペン、水彩など200種類以上のブラシを使用できます。自分の好きなブラシを見つけて、キャンバスに絵を描いてみましょう。また、ブラシは自分好みに加工したり（Sec.19参照）、ほかの人が作成したブラシを読み込んだり（Sec.20参照）することも可能です。

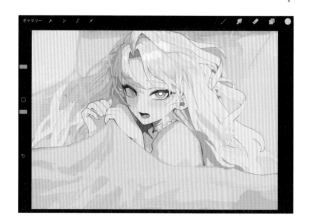

さまざまなファイルでの出力

Procreateでは、Procreateデータ、PSD、PDFなど6種のファイルでの出力ができます。アニメーション（第10章参照）の場合はGIFやMP4なども選択可能です。

写真の読み込み、加工

ギャラリーやレイヤーに写真や画像を読み込むことができます（Sec.24参照）。Procreateには加工ツールも充実しているため、写真を読み込んで色合いやゆがみを調整することも可能です（第7章参照）。料理の写真をよりおいしく見せたい、夜景をよりきれいにしたいといった場合に役立ちます。

PDFファイルの閲覧、書き込み

PDFをProcreateに読み込むと1ページを1レイヤーとして閲覧できるようになります。もちろんメモやイラストを描き込むことも可能です。打ち合わせなどでノート代わりとして役立ちます。

3Dモデルへのペイント

Procreateでは3Dモデルの読み込み、3Dモデルへの描き込みが可能です。Procreateに用意されているモデルや、ほかのサービスで作成したモデルに絵付けするようにペイントすることができます。

アニメーションの作成

アニメーションアシスト（Sec.64参照）を使用すると、アニメーションの作成も可能です。作成できたらGIFやMP4で書き出して共有しましょう。

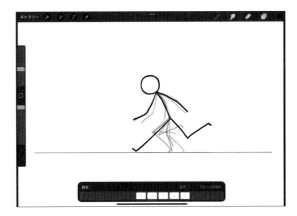

漫画の作成

ページアシスト（Sec.71参照）やテキストの追加（Sec.72参照）といった漫画を作成する際に役立つ機能も充実しています。

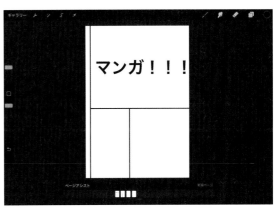

Section 02 / Procreate の利用に必要なデバイス

Procreate を利用するには iPad が必要です。なお、「FacePaint」や「3Dペイント（Sec.59参照）」など、モデルによって使用できない機能もあります。

Procreate の利用に必要なデバイス

Procreate を利用するためには iPad が必要です。Android などほかのタブレットでは購入やインストールはできないため、使用している方は注意が必要です。Apple Pencil がない場合は指やタッチペンなどでも描画できますが、Procreate は Apple Pencil に完全対応しているため利用をおすすめします。また、Procreate には iPad のモデルによって表示されなかったり、利用できなかったりする機能があります。詳細は次ページを参照してください。

「Procreate」アプリをインストールするには iPad OS 15.4.1以降が必要です。Procreate の現在のバージョン5.3.4（2023年6月現在）では、以下のモデルがサポートされています。

12.9インチ　iPad Pro（第1、2、3、4、5、6世代） 11インチ　iPad Pro（第1、2、3、4世代） 10.5インチ　iPad Pro 9.7インチ　iPad Pro iPad Air（第3、4、5世代） iPad Air 2 iPad（第5、6、7、8、9、10世代） iPad mini（第5、6世代） iPad mini 4	Apple Pencil 第2世代に対応しているモデルは以下の通りです。 12.9インチ　iPad Pro（第3、4、5、6世代） 11インチ　iPad Pro（第1、2、3、4世代） iPad Air（第4、5世代） iPad mini（第6世代）

モデルによって変わる機能

FacePaint

FacePaint はフロントカメラで映した自分の顔にペイントすることができる機能です。iPadのなかでも、A12以上のチップ、またはTrueDepthカメラを搭載したデバイスのみがFacePaintを利用できます。対応モデルは以下の通りです。

12.9インチ　iPad Pro（第3、4、5、6世代）
11インチ　iPad Pro（第1、2、3、4世代）
iPad Air（第3、4、5世代）
iPad（第8、9、10世代）
iPad mini（第5、6世代）

カラー履歴

カラー履歴とは、カラーパネルに表示される色の使用履歴のことです。画面サイズが10.2インチ以上のiPadに表示されるため、iPad miniでは利用できません。

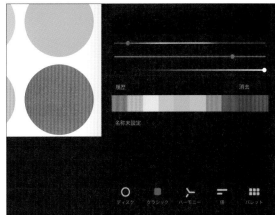

3Dペイント

Procreate 5.2から追加された3Dペイントは、3Dモデルに直接ペイントするように絵を描くことができる機能です。モデルパックが用意されていますが、互換性のある3Dモデルが1つもない場合はメニューが表示されません。

Section 03 iPad版とiPhone版の違い

iPad版「Procreate」とiPhone版「Procreate Pocket」の違いを紹介します。自分に合うと思うほうで創作を楽しみましょう。なお、本書ではiPad版「Procreate」の操作を解説します。

iPad版「Procreate」の特徴

価格：税込み2,000円（2023年6月現在）

「Procreate」はiPadで使用できるお絵描きアプリです。iPadとApple Pencilを使用することを想定して開発されているため、筆圧や傾きといった繊細な入力もキャンバスに反映されます。さまざまな言語への対応や、障がいのあるユーザー向けのサポートなどが評価され、かつてないほどのクリエイティブを人々にもたらしたとして、2013年、2022年と2度も「Apple Design Awards」を受賞しています。

MEMO ▶ Apple Design Awards とは

Apple Design Awardsとは、Appleがアプリなどのサードパーティー製品に対してアイデアや卓越したデザイン、優れた技術を表彰するものです。iPhoneやiPad、Mac向けのアプリに限らず、Apple WatchやApple TVのアプリも審査対象です。

https://developer.apple.com/jp/design/awards/

iPhone 版「Procreate Pocket」の特徴

価格：税込み900円（2023年6月現在）

iPhoneで使用できるお絵描きアプリです。iPad版と大きな違いはなく、どこでも手軽に創作を楽しめることが強みです。また、Procreateと同様にiPhoneのみで購入できます。Androidスマートフォンなど、ほかのスマートフォンでは購入やインストールができないため、使用している方は注意が必要です。

なお、「Procreate Pocket」アプリをインストールするにはiOS 15.4.1以降が必要です。Procreate Pocketの現在のバージョン4.0.8（2023年6月現在）では、以下のモデルがサポートされています。

iPhone 14、iPhone 14 Plus、iPhone 14 Pro、iPhone 14 Pro Max
iPhone 13、iPhone 13 mini、iPhone 13 Pro、iPhone 13 Pro Max
iPhone 12、iPhone 12 mini、iPhone 12 Pro、iPhone 12 Pro Max
iPhone 11、iPhone 11 Pro、iPhone 11 Pro Max
iPhone XS Max、iPhone XS、iPhone XR、iPhone X
iPhone 8、iPhone 8 Plus
iPhone 7、iPhone 7 Plus
iPhone 6s、iPhone 6s Plus
iPhone SE 第1世代、第2世代
iPod Touch（第7世代）

Section 04 Procreate をインストールする

さっそく「Procreate」アプリをインストールしましょう。ここでは、「App Store」アプリでキーワード検索し、購入するまでの手順を解説します。

「Procreate」アプリをインストールする

1 ホーム画面で［App Store］をタップします。

2 「App Store」アプリが起動します。画面右下の［検索］をタップします。

3 検索バーをタップして、「procreate」と入力し、［検索］をタップします。

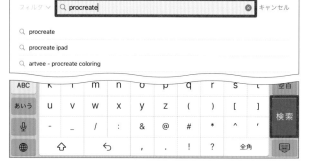

4 アプリが一覧表示されます。［Procreate］をタップします。

この画面で［¥2,000］をタップすることでもアプリを購入できますが、アプリの内容を確認できないため、まずは詳細を見ることをおすすめします。

5 「Procreate」アプリの詳細が表示されます。
[¥2,000] をタップします。

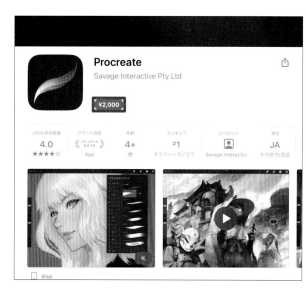

有料アプリの支払いは、Apple ID作成時など
に入力したクレジットカードを利用します。
クレジットカード情報を登録していない場合
は、「Apple Gift Card」といったプリペイド
式のカードをコンビニなどで購入してアプリ
の料金を支払うことができます。

6 [購入] をタップします。

7 パスワードの入力を求められた場合は入力し
て [サインイン] をタップします。

8 アプリのインストールが開始されます。イン
ストールが完了すると、アプリがホーム画面
に追加されます。

Section 05 基本画面を確認する

Procreate はシンプルなインターフェースと直感的な操作が特徴です。ここではキャンバス画面のインターフェースと基本操作を紹介します。

キャンバス画面のインターフェース

ギャラリー
タップするとキャンバスを保存し、ギャラリー（Sec.09参照）に戻ります。

高度な機能
写真の挿入といったアクションや環境設定、キャンバスの調整などが使用できるツールです。

描画ツール
ペイントやレイヤー、カラーなど描画に関するツールです。

サイドバー
ブラシのサイズや不透明度の設定、もとに戻す、やりなおすなどの操作ができます。初期設定では左側に配置されていますが、右側に変更することも可能です（Sec.06参照）。

キャンバス
描画できる範囲です。ピンチイン／ピンチアウトで表示サイズを変更できます。

描画ツール

❶ペイント

キャンバス上に描画するときに使用します。
ペイントを選択した状態で🖌をタップする
と「ブラシのライブラリ」画面が表示され、
ブラシを変更できます（第3章参照）。

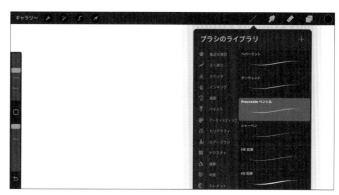

❷ぼかし

隣り合わせの色を混ぜたり、線をぼかしたりするときに使用します。ペイントと同様に、ぼかしを選択した状態
で🖌をタップすると「ブラシのライブラリ」画面を表示できます（第3章参照）。

❸消しゴム

描画した内容を消したいときに使用します。ペイントやぼかしと同様に、消しゴムを選択した状態で🖌をタップ
すると「ブラシのライブラリ」画面を表示できます（第3章参照）。

❹レイヤー

レイヤーを一覧表示します。不透明度の変
更やブレンドモードの適用など、レイヤー
の設定はこの画面から行えます（第4章参
照）。

❺カラー

カラーパネルを表示します。色の変更や履
歴の確認などができます。なお、アイコン
に表示されている色は現在選択している色
です（第5章参照）。

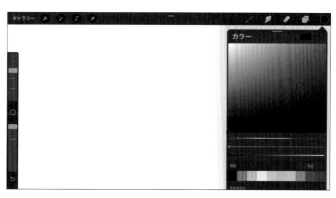

サイドバー

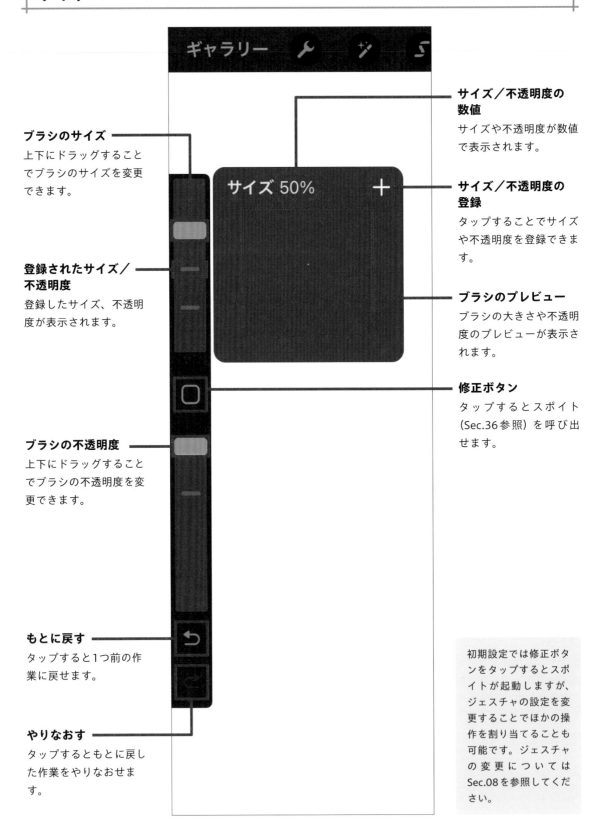

ブラシのサイズ
上下にドラッグすること
でブラシのサイズを変更
できます。

**登録されたサイズ／
不透明度**
登録したサイズ、不透明
度が表示されます。

ブラシの不透明度
上下にドラッグすること
でブラシの不透明度を変
更できます。

もとに戻す
タップすると1つ前の作
業に戻せます。

やりなおす
タップするともとに戻し
た作業をやりなおせま
す。

**サイズ／不透明度の
数値**
サイズや不透明度が数値
で表示されます。

**サイズ／不透明度の
登録**
タップすることでサイズ
や不透明度を登録できま
す。

ブラシのプレビュー
ブラシの大きさや不透明
度のプレビューが表示さ
れます。

修正ボタン
タップするとスポイト
（Sec.36参照）を呼び出
せます。

初期設定では修正ボタ
ンをタップするとスポ
イトが起動しますが、
ジェスチャの設定を変
更することでほかの操
作を割り当てることも
可能です。ジェスチャ
の変更については
Sec.08を参照してくだ
さい。

高度な機能

❶アクション

画像の読み込みや書き出し（Sec.13参照）、テキストの追加（Sec.72参照）、キャンバスの編集、タイムラプスビデオの作成（Sec.14参照）、環境設定の変更（Sec.06参照）などの操作を行えます。操作に困ったらまずはここをタップしてみましょう。

> キャンバス全体を左右反転したい場合は、[キャンバス] → [左右反転] の順にタップしましょう。[上下反転] をタップすると上下が反転します。

❷調整

カラーバランスの調整や、ぼかし、ノイズ、色収差といった加工が行えます。主にイラストの仕上げなどに使用されるツールがそろっています（第7章参照）。

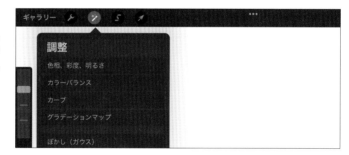

❸選択

描画されている箇所の任意の範囲を選択できます。主に「変形」と一緒に使用します。選択方法は「自動」や「フリーハンド」、「長方形」などから選べます（第6章参照）。

❹変形

描画箇所や選択された範囲の大きさを変えたり、形を調整したりできます。左右反転や45°回転などの操作も可能です（第6章参照）。

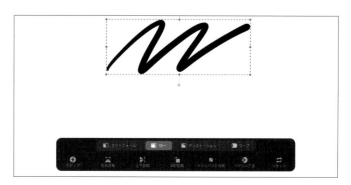

Section 06

自分に合わせて環境設定を変更する

インターフェース（Sec.05参照）は利き腕や好みによって、ボタンの配置、表示モードなどを変更することができます。自分好みの環境にすることで、作業効率もアップします。

環境設定を変更する

1 キャンバス画面で ✒ をタップします。

2 ［環境設定］をタップします。

> ［ヘルプ］→［高度な設定］の順にタップすると、iPad の「設定」アプリからアプリのアクセス許可や言語、書き出しの際に優先するフォーマットなどを設定できます。

3 設定を変更できる項目が一覧表示されます。任意の項目をタップして変更します。

変更できる項目

明るいインターフェース

「明るいインターフェース」の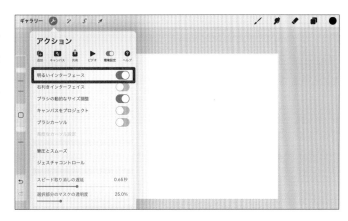をタップして有効にすると、画面が黒を基調にしたものから白を基調したものに変更されます。環境に合わせて変更することで目の疲れを軽減させます。

右利きインターフェイス

「右利きインターフェイス」の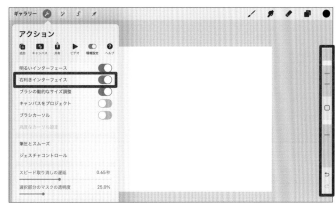をタップして有効にすると、サイドバーが右側に固定されます。使いやすいように変更しましょう。

ブラシの動的なサイズ調整

初期設定では、キャンバス自体の大きさに対してブラシのサイズが一定になるよう設定されているため、キャンバスの表示サイズを大きくするとブラシも大きく表示されます。「ブラシの動的なサイズ調整」の ◯ をタップして無効にすると、キャンバスの表示サイズを変更しても、ブラシのサイズが変更されないようになります。

MEMO ▶ サイドバーの高さを調整する

サイドバーの高さは調整が可能です。◼ を右方向にドラッグ（「右利きインターフェイス」を有効にしている場合は左方向にドラッグ）したまま上下に動かすと、サイドバーが移動します。任意の位置で指を離すと高さが決定します。

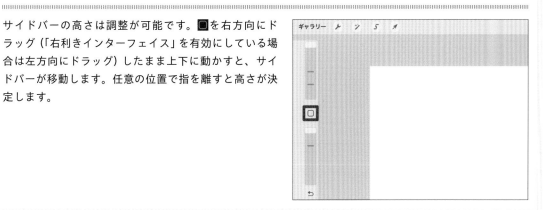

キャンバスをプロジェクト

ケーブルかAirPlayでiPadと外部ディスプレイと接続し、「キャンバスをプロジェクト」の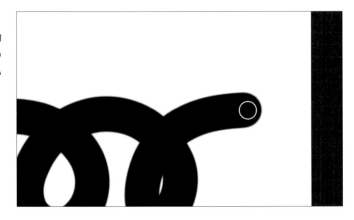→ [OK] の順にタップして有効にすると、キャンバスをディスプレイに表示できます。iPadでキャンバスの表示サイズを変更しても影響は受けないため、ディスプレイには常にフルスクリーンの状態で表示されます。全体像を大きな画面で確認しながらイラストを制作したいといったときに活用されます。

ブラシカーソル

「ブラシカーソル」の をタップして有効にすると、ブラシで描画した際にブラシの形状が細い線で表示されます。どこを描いているのか具体的な位置がわかります。

高度なカーソル

ブラシカーソルが表示されるタイミングやカーソルの形状など、ブラシカーソルの外観についてより詳細に設定できます。

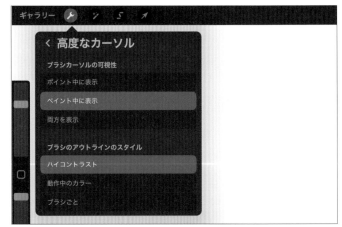

筆圧とスムーズ

手ぶれ補正や筆圧の感度などを設定できます（P.050参照）。なお、この設定はすべてのブラシに適用されます。ブラシごとに設定したい場合はブラシのカスタマイズ（Sec.19参照）から変更します。

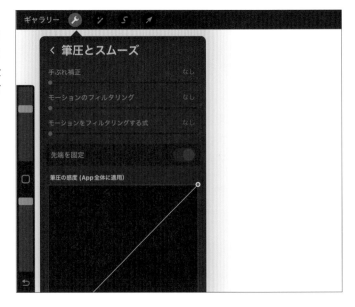

ジェスチャコントロール

ジェスチャを変更できます。各項目と設定方法についてはSec.08を参照してください。

スピード取り消しの遅延

2本の指で画面を長押しすると作業を連続してもとに戻すことができます。このショートカットを「スピード取り消し」といいます。スピード取り消しの遅延とは、画面に触れてからスピード取り消しが有効になるまでの秒数を設定できます。初期設定では「0.65秒」ですが、誤作動を防ぎたい場合は長めにしておきましょう。

選択部分のマスクの透明度

選択（Sec.43参照）すると、選択されていない範囲が斜線で表示されます。この斜線の部分を「マスク」といいます。「選択部分のマスクの不透明度」のスライダーを左右にドラッグすることでマスクの不透明度を変更できます。

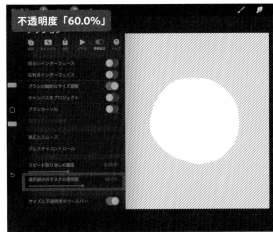

サイズと不透明度のツールバー

「サイズと不透明度のツールバー」の ◯ をタップして無効にすると、サイドバーを非表示にできます。

Section 07 QuickMenu を活用する

QuickMenu とは、事前に登録した操作をタップするだけで行えるショートカットボタンです。
QuickMenu の呼び出し方法は画面長押しやダブルタップなどから選択できます。

QuickMenu の呼び出し方法を設定する

QuickMenu を活用すると、画面上に任意のショートカットボタンを表示できます。QuickMenu には6つのアクションが表示されますが、任意のアクションに変更することが可能です。「新規レイヤーの追加」や「キャンバスの左右反転」など、普段から頻繁に使用しているアクションを設定すると、作業効率が格段に上がります。
QuickMenu を使用するには、最初に QuickMenu の呼び出し方法（ジェスチャ）を設定する必要があります。

1 キャンバス画面で🪄→［環境設定］→［ジェスチャコントロール］の順にタップします。

2 「ジェスチャコントロール」画面が表示されます。［QuickMenu］をタップします。

3 「QuickMenu をカスタマイズ」画面が表示されます。設定したい呼び出し方法の⬭をタップすると、呼び出し方法が設定されます。［完了］をタップしてキャンバス画面に戻ります。

QuickMenu を設定する

1 P.026 で設定した呼び出し方法で QuickMenu を表示し、変更したいアクションを長押しします。

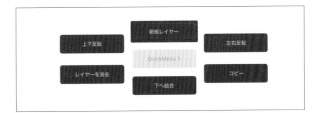

2 アクションが一覧表示されます。任意のアクションをタップします。

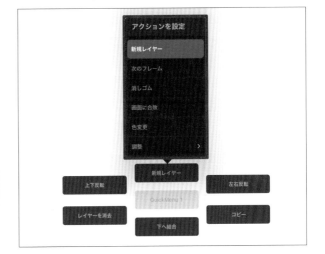

[ブラシを選択] や [調整] をタップすると、QuickMenu からブラシを変更したり、「ぼかし (ガウス)」や「色収差」などの効果を付けたりできます。

3 アクションが変更されます。

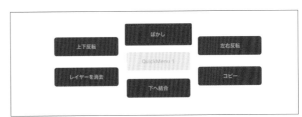

MEMO ▶ 複数の QuickMenu を作る

QuickMenu は複数作ることができます。手順**1** の画面で、[QuickMenu 1] →➕の順にタップすると、「QuickMenu 2」が追加されます。イラストの内容などによってショートカットを使い分けたいときに利用しましょう。

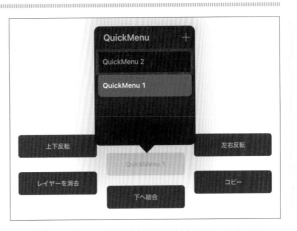

Section 08 ジェスチャで操作する

キャンバスを2本の指でタップすると1つ前の作業に戻せる、などアクションを実行する特定の動作のことを「ジェスチャ」と呼びます。ここではジェスチャについて紹介します。

ジェスチャでキャンバスを操作する

Procreate ではさまざまなジェスチャが用意されています。もとに戻す、やりなおす、コピー＆ペーストするなどの操作が1回または数回のタップやスワイプによってできるため、インターフェースを使用する必要がありません。まずは実際にジェスチャを操作してみましょう。直感的な操作に慣れれば、効率的なお絵描きが可能になります。

MEMO ▶ ジェスチャは変更できる

ジェスチャは「ジェスチャコントロール」画面で変更したり、無効にしたりできます。ほかのお絵描きソフトと統一したい、誤作動を防ぎたいといった場合は自分好みにカスタマイズしてみましょう。ジェスチャの設定方法は P.030 を参照してください。

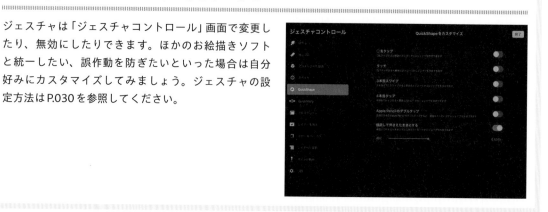

おすすめのジェスチャ

もとに戻す

画面を2本の指でタップすると、1つ前の作業に戻せます。指を画面から離さないままにしていると、連続してもとに戻せます（スピード取り消し）。

やりなおす

画面を3本の指でタップすると、もとに戻した作業をやりなおせます。指を画面から離さないままにしていると、連続してやりなおせます。

レイヤーの描画を消去する

画面を3本の指でこするように動かすと、選択しているレイヤーの描画が消去されます。

「コピー＆ペースト」画面を表示する

画面を3本の指で下方向にスワイプすると、「コピー＆ペースト」画面が表示されます。［カット］や［コピー］、［ペースト］などをタップして操作します。

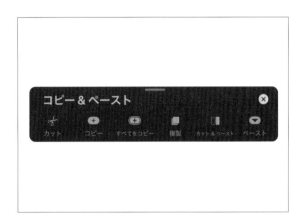

QuickShapeで直線や図形を描く

キャンバスに描画した際に画面から指（Apple Pencil）を離さないまま数秒置くと、QuickShapeが適用され、描画したものがきれいな直線や図形に変形します。QuickShapeが適用された直後に画面上部の▽をタップし、●を任意の位置までドラッグすると直線や図形を編集できます。

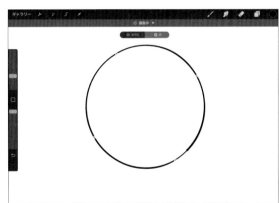

フルスクリーンにする

画面を4本の指でタップすると、インターフェースが非表示になり、フルスクリーンでキャンバス画面が表示されます。

ジェスチャコントロールを設定する

1 キャンバス画面で🔧→［環境設定］→［ジェスチャコントロール］の順にタップします。

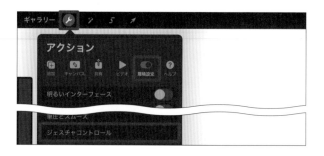

2 「ジェスチャコントロール」画面が表示されます。画面左側の項目（ここでは［消しゴム］）をタップします。

3 項目が変更されます。設定したいジェスチャ（ここでは「タッチ」）の⚪️をタップするとジェスチャが有効になります。

4 設定が終わったら画面右上の［完了］をタップすると、変更が保存され、キャンバス画面に戻ります。

MEMO ▶ ジェスチャを設定したときに表示される⚠️

ジェスチャを有効にしたとき、ほかのジェスチャコントロールの項目に⚠️が表示される場合があります。これは、指定したジェスチャが以前にほかの操作で設定されていて、呼び出される機能が変更されたことを伝えるものです。あとから設定したジェスチャを優先して設定されます。

ジェスチャコントロールの詳細設定

ぼかし

ぼかし（Sec.16参照）を呼び出すジェスチャを設定できます。

消しゴム

消しゴム（Sec.16参照）を呼び出すジェスチャを設定できます。

アシストされた描画

選択中のレイヤーに描画アシスト（Sec.27参照）を適用するジェスチャを設定できます。

スポイト

スポイト（Sec.36参照）を呼び出せるジェスチャを設定できます。初期設定では「■をタップ」が有効になっています。「タッチして押さえたままにする」などもおすすめです。

QuickShape

QuickShape（P.029参照）を作成できるジェスチャを設定できます。初期設定では「描画して押さえたままにする」が有効になっています。

QuickMenu

QuickMenu（Sec.07参照）を呼び出せるジェスチャを設定できます。デフォルトでは有効になっていないため、呼び出し方法を設定する必要があります。

MEMO ▶ 「遅延」を設定する

ジェスチャで「タッチして押さえたままにする」などを有効にすると、「遅延」の秒数を設定できるようになります。遅延とはキャンバス画面を長押しする秒数のことです。「ゆっくり描いていたらジェスチャと認識されてしまった」といった誤作動が起きる場合は、遅延の秒数を長めに設定すると誤作動を防ぐことができます。遅延は、遅延なしから1.5秒の範囲で設定が可能です。

フルスクリーン

フルスクリーン（全画面表示）にするジェスチャを設定できます。初期設定では「4本指タップ」が有効になっています。

レイヤーを消去

選択しているレイヤーの描画を消去するジェスチャを設定できます。初期設定では「スクラブ」が有効になっています。

コピー＆ペースト

「コピー＆ペースト」画面を呼び出すジェスチャを設定できます。初期設定では「3本指スワイプ」が有効になっています。

レイヤーを選択

有効にすると、キャンバス画面の描画内容をタップや長押しすることでそのレイヤーに移動できるようになります。初期設定では無効になっています。

ポイント機能

ホバー機能を有効にするジェスチャを設定できます。なお、ホバー機能を利用するには、iPad OS 16.1以降を搭載した12.9インチのiPad Pro（第6世代）か、11インチのiPad Pro（第4世代）と、第2世代のApple Pencilを使用する必要があります。

一般

指でペイントをするかどうか、ピンチでズームや回転をするかどうかなどを設定できます。また、［デフォルトにリセット］→［リセット］の順にタップすると、ジェスチャコントロール設定をデフォルトの状態に戻せます。

MEMO ▶ 指で描けないようにしたい

Apple Pencilを使用していると画面に手を置いたときなどにブラシと認識されてしまい、思わぬ描画が残ってしまった、ということが起きます。そういった誤作動を防ぎたい場合は、「ジェスチャコントロール」画面で［一般］→「指を使ったペイントを有効にする」の順にタップして指によるペイントを無効にしましょう。指でのタップや長押しはブラシ描画として認識されなくなり、ジェスチャだけが適用されます。なお、Apple Pencil以外の外部ペンでは利用できません。

第2章
ギャラリーで管理する

ギャラリーでアートワークを管理しましょう。アートワークのサムネイルには描画した内容が表示されるため、どれがどの制作物か一目でわかります。好きなサイズ、カラープロファイルの新規キャンバスの制作も可能です。

Section 09 ギャラリー画面を確認する

Procreateを起動したときに最初に表示される画面が「ギャラリー」です。ギャラリー画面では作品の確認以外にも、新規キャンバスの追加や写真の読み込みなどを行えます。

ギャラリー画面のインターフェース

Procreate
バージョンの確認やアートワークの参考例の復元、ギャラリーの復旧などを行えます。

選択／読み込む／写真／新規キャンバスの追加
キャンバスの選択（Sec.13参照）、ファイルや写真の挿入（Sec.13参照）、新規キャンバスの作成（Sec.10～11参照）ができます。

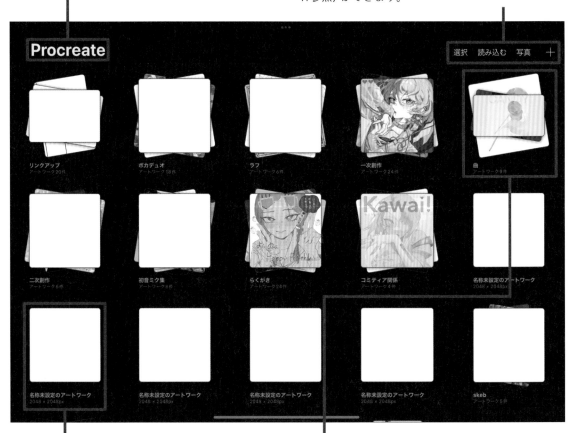

アートワーク（キャンバス）
アートワークのサムネイルと名称、サイズが表示されます。タップするとキャンバス画面が表示されます。

スタック
数個のアートワークをまとめるファイルのような機能を「スタック」といいます（Sec.12参照）。書類が重なったようなサムネイルが特徴です。

アートワークの名称を変更する

1 ギャラリー画面でアートワークの名称部分（初期設定では［名称未設定のアートワーク］）をタップします。

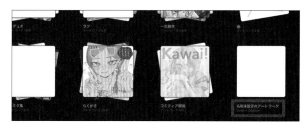

2 名称を変更できるようになります。名称を入力し、⏎をタップすると名称が変更されます。

新しく作成したキャンバスはすべて「名称未設定のアートワーク」という名称になります。キャンバスを作成したらすぐに名称を変更すると、あとでギャラリーを整理をするときに楽になります。

ギャラリーを入れ替える

1 ギャラリー画面で移動したいアートワークを長押しすると、アートワークが移動できるようになります。

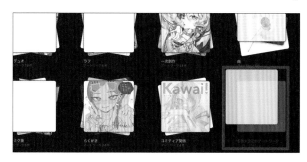

2 任意の場所までドラッグし、指を離すと、アートワークが移動します。

アートワークのプレビューを表示する

1 ギャラリー画面でプレビュー表示したいアートワークをピンチアウトします。

2 プレビューが表示されます。画面を左右にスワイプするか、▶または◀をタップします。

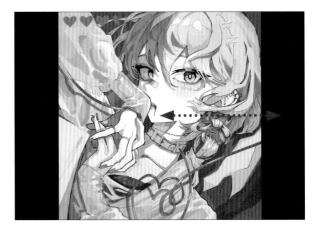

3 隣接するアートワークのプレビューが表示されます。画面をピンチインするとプレビュー表示が終了します。

MEMO ▶ プレビューからキャンバス画面に移動する

プレビューを表示した状態で画面を2回タップすると、プレビュー表示していたキャンバスのキャンバス画面を表示できます。プレビューを見ていて気になった箇所が見つかったら、そのまま作業に移れます。

Section

10 新規キャンバスを作成する

Procreateにはさまざまなプリセットがテンプレートとして用意されています。サイズに指定がない場合は、テンプレートから新規キャンバスを作成してみましょう。

テンプレートから新規キャンバスを作成する

1 ギャラリー画面で画面右上の＋をタップします。

2 「新規キャンバス」メニューにプリセットが一覧表示されます。任意のプリセット（ここでは［スクエア］）をタップします。

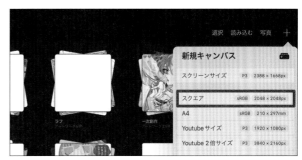

3 新規キャンバスが作成され、キャンバス画面に移動します。画面左上の［ギャラリー］をタップすると、描画した内容が保存され、ギャラリーに戻ります。

MEMO ▶ プリセットの右側のアルファベットと数字

「新規キャンバス」メニューではプリセットの右側に「sRGB」や「210 × 297mm」などの表示があります。アルファベットはカラープロファイルを、数字はキャンバスのサイズを表しています。それぞれの詳細はSec.11を参照してください。

カスタムキャンバスを作成する

大きさやカラープロファイルを指定してキャンバスを作成できます。一度設定したプリセットは
保存され、「新規キャンバス」メニューの一覧から何度でも選択できます。

カスタムキャンバスを作成する

1 ギャラリー画面で画面右上の➕→■の順に
タップします。

2 カスタムキャンバスの設定画面が表示されま
す。［名称未設定のキャンバス］をタップする
と、プリセットの名称を変更できます。任意
の名称を入力します。

3 同様に、大きさやカラープロファイル、タイ
ムラプスの設定、キャンバスのプロパティを
設定して［作成］をタップすると、設定した
内容の新規キャンバスが作成され、キャンバ
ス画面に移動します。

4 ギャラリー画面に戻ると作成したキャンバス
とプリセットを確認できます。

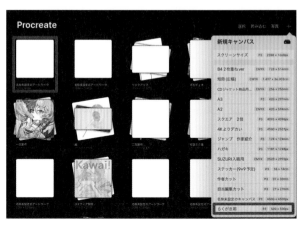

一度作成したカスタムキャンバスは、プリ
セットとして保存され、「新規キャンバス」
メニューに表示されるようになります。

カスタムキャンバスで設定できる項目

大きさ

キャンバスのサイズを指定します。単位は「mm」「cm」「"（インチ）」「px」から選択できます。

カラープロファイル

カラープロファイルを「RGB」「CMYK」などから選択できます。SNSなどで公開することが目的であれば「RGB」を、印刷が目的であれば「CMYK」を選択しましょう。なお、カラープロファイルは一度キャンバスを作成してしまうとRGBとCMYK間では変更できないため注意しましょう。

タイムラプスの設定

タイムラプスビデオ（Sec.14参照）の解像度や画質を設定できます。「HEVC」の●をタップして有効にすると、描画していない範囲を透明の背景としてビデオを作成できます。なお、透明な背景で書き出す場合は、カラープロファイルを「sRGB IEC61966-2.1」にしている必要があります。

キャンバスのプロパティ

背景色を指定したり、非表示にしたりできます。キャンバス画面からでも設定可能です（Sec.29参照）。

MEMO ▶ プリセットを編集／削除する

一度作成したプリセットはあとから編集したり、削除したりできます。「新規キャンバス」メニューでプリセットを左方向にスワイプし、［編集］または［削除］をタップします。

スタックを作成して
ギャラリーを整理する

スタックとは、数個のアートワークをまとめるファイルのような機能です。ジャンルや目的ごとにスタックを作成して、ギャラリー画面を整理しましょう。

スタックを作成する

1 ギャラリー画面でまとめたいアートワークを長押しします。

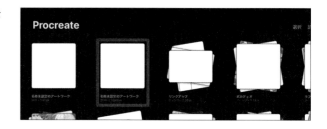

2 アートワークが移動できるようになります。一緒のスタックとしてまとめたいアートワークの上までドラッグします。

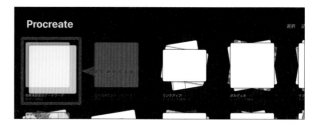

3 下のアートワークが青く表示された状態で指を離すとスタックが作成されます。

MEMO ▶ 効率的にスタックを作成する

手順**2**の画面で、アートワークを移動できる状態のまま、別の指で複数のアートワークをタップすると、タップしたすべてのアートワークを選択したまま移動できるようになります。その状態でほかのアートワークの上までドラッグして指を離すと、複数のアートワークが入ったスタックが作成されます。なお、手順**1**の画面で［選択］をタップし、複数のアートワークをタップすることでもアートワークの複数選択が可能です。

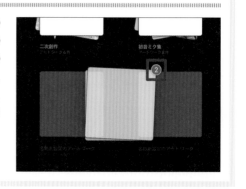

アートワークをスタックの外へ移動する

1 スタックをタップし、スタック内のアートワークを表示します。スタックの外に移動したいアートワークを長押しします。

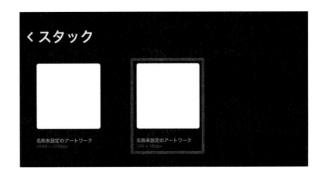

2 アートワークが移動できるようになります。スタック名（ここでは「スタック」）の上までドラッグします。

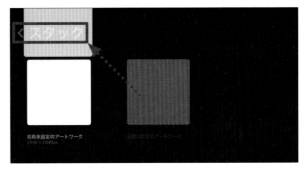

3 しばらく待つとギャラリー画面が表示されます。任意の場所で指を離すと、アートワークが移動します。

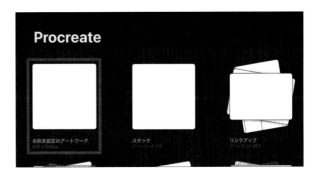

MEMO ▶ スタックの名称を変更する

スタックの名称部分（初期設定では［スタック］）をタップすると、スタックの名称を変更できるようになります。名称を入力し、■をタップすると名称が変更されます。

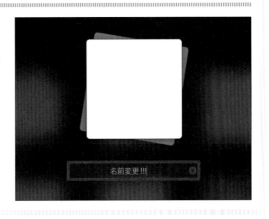

Section 13 ファイルを読み込む／アートワークを共有する

ファイルや写真をProcreateに読み込んで、加工したり描き加えたりしてみましょう。完成したアートワークはPSDやJPEGなど好きな形式で書き出して共有することができます。

ファイルや画像を読み込む

1 ギャラリー画面で[読み込む]をタップします。

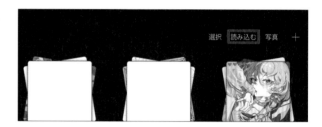

2 iPadの「ファイル」アプリが表示されます。任意のデータをタップします。

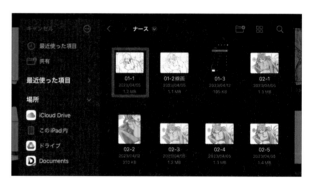

3 データが読み込まれ、キャンバス画面が表示されます。

MEMO ▶ 写真を読み込む

ギャラリー画面で画面右上の[写真]をタップすると、iPadの「写真」アプリが表示されます。任意の写真をタップすると、キャンバスに読み込むことができます。iPadやスマートフォンで撮影した写真を加工したい、画像に自分の絵を描き加えたいといったときに活用します。

アートワークを書き出して共有する

1 ギャラリー画面で［選択］をタップします。

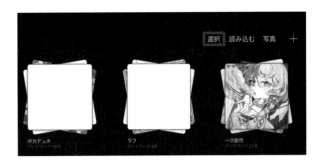

2 共有したいアートワークをタップして選択し、［共有］をタップします。

2つ以上のアートワークをタップすると、タップしたすべてのアートワークが選択された状態になります。このまま画面右上の［スタック］や［複製］をタップすれば、多くのアートワークを一度に整理できます。

3 任意のファイル形式をタップします。

利用できるファイル形式は以下の通りです。
- procreate ・PSD
- JPEG ・PNG
- TIFF ・GIF
- PDF ・MP4
- HEVC ・OBJ
- USDZ

なお、タイムラプスビデオの書き出しはSec.14を参照してください。

4 共有方法をタップして選択します。iPadに画像を保存したい場合は［画像を保存］をタップします。

別名で保存したい場合は、前もってアートワークを複製（Sec.15参照）し、アートワークの名称を変更（Sec.09参照）してから保存しましょう。

タイムラプスビデオを書き出す

タイムラプスビデオとは制作過程を数秒から数分にまとめたビデオのことです。なお、共有とは違い、ビデオを書き出すにはキャンバス画面を表示する必要があります。

タイムラプスビデオを書き出す

1 タイムラプスビデオを書き出したいアートワークをタップしてキャンバス画面を表示し、🖊をタップします。

2 [ビデオ] → [タイムラプスビデオを書き出す] の順にタップします。

3 [全長] または [30秒] をタップします。

> ビデオの書き出しには数分かかることがあります。

4 共有方法をタップして選択します。iPad に保存したい場合は [ビデオを保存] をタップします。

> 書き出したビデオは、ほかの動画編集ソフトなどで編集できます。

タイムラプスを再生する

1 P.044手順**2**の画面で「タイムラプス再生」を
タップします。

2 アートワークのタイムラプスビデオが再生さ
れます。

3 画面を左右にスワイプすると再生位置を移動
できます。[完了]をタップするとキャンバス
画面に戻ります。

再生中でも画面をピンチイン／ピンチアウト
することでキャンバスの表示サイズを変更で
きます。

MEMO ▶ タイムラプス録画を停止／再開する

手順**1**の画面で「タイムラプス録画」の ◯ をタップし
て無効にすると、タイムラプス録画を停止できます。無
効にした際、[パージする]を選択すると、これまでに
録画されたすべてのビデオが削除されます。「タイムラ
プス録画」を有効にすると、録画が再開されます。

Section 15 アートワークを削除する

ここではアートワークを削除する方法を解説します。削除したアートワークは復元できないため、削除する際はよく確認して、慎重に行いましょう。

アートワークを削除する

1 ギャラリー画面で削除したいアートワークのサムネイルを左方向にスワイプします。

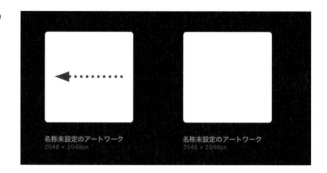

2 [削除] をタップします。

[共有] をタップするとアートワークの書き出しが、[複製] をタップするとアートワークの複製が行えます。

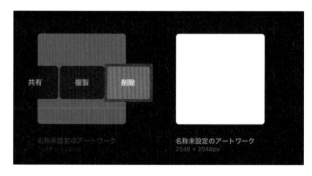

3 「これらのアートワークを削除してよろしいですか。」と表示されます (スタックの場合は [これらのグループを削除してよろしいですか。] と表示されます)。[削除] をタップするとキャンバスが削除されます。

[キャンセル] をタップすると削除しないまま手順**1**の画面に戻ります。

MEMO ▶ アートワークの復元は不可能

Procreateにはゴミ箱フォルダのようなものはなく、一度削除したアートワークを復元することは不可能です。少しでも不安がある場合は、共有 (Sec.13参照) でデータをバックアップしてから削除しましょう。

第3章
ブラシの活用

キャンバスの準備ができたら、さっそくブラシで描画していきましょう。Procreateには200種類を超える多種多様なブラシが用意されています。ブラシの設定を調整して自分好みのオリジナルブラシにカスタマイズすることも可能です。

Section 16 キャンバスに線を描く

新規キャンバス（Sec.10参照）を作成したらさっそく描画してみましょう。Procreateでは描画するためのツールとして、「ペイント」「ぼかし」「消しゴム」が用意されています。

ペイントで描画する

1 キャンバス画面で画面右上の◢をタップします。

> 新規キャンバスの作成についてはSec.10を参照してください。

2 ペイントが選択された状態になります。

> 選択されたツールは白色（明るいインターフェース（Sec.06参照）の場合は黒色）から青い表示に変わります。

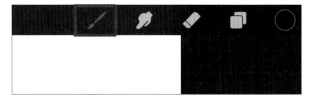

3 画面左側のサイドバー（Sec.05参照）でブラシのサイズや不透明度を設定します。

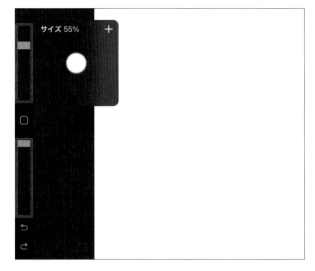

4 キャンバスをなぞると描画できます。

> 思ったような描画ができない場合はブラシの設定によるものかもしれません。ブラシのライブラリ（Sec.19参照）を一度確認することをおすすめします。

ぼかしで線や色をぼかす

1 キャンバス画面で画面右上の■をタップします。

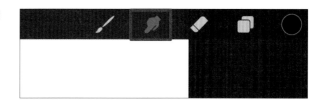

2 ぼかしが選択された状態になります。キャンバスをなぞると描画をぼかすことができます。

サイズや不透明度の変更方法は、ペイントや消しゴムと同じです。

消しゴムで描画を消す

1 キャンバス画面で画面右上の■をタップします。

2 消しゴムが選択された状態になります。キャンバスをなぞると描画を消すことができます。

サイズや不透明度の変更方法は、ペイントやぼかしと同じです。

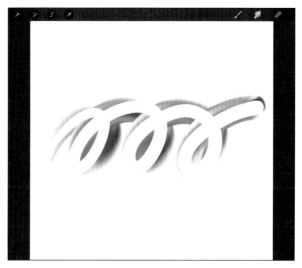

「筆圧とスムーズ」でブラシの設定を変更する

キャンバス画面で🖊→［環境設定］→［筆圧とスムーズ］の順にタップするとブラシの設定を一括で変更できます（Sec.09参照）。ここでは「筆圧とスムーズ」で設定できる項目を紹介します。なお、ブラシごとに設定を変更したい場合はSec.19を参照してください。

手ぶれ補正
描画する際の線の滑らかさを設定できます。数値を高くするほど、手ぶれによる線のがたつきがなくなり、滑らかになります。また、滑らかさは描画するスピードによっても変化します。より滑らかな線を描きたい場合は、速く描くと滑らかになります。

モーションのフィルタリング
描画する際のブラシの揺れを取り除き、線のがたつきをなくします。モーションのフィルタリングは描画する速さに関係なく、線を滑らかにします。

モーションをフィルタリングする式
「モーションのフィルタリング」が有効の場合に機能します。数値を高く設定すると、より線を滑らかにすることができます。

先端を固定
「モーションのフィルタリング」が有効の場合に設定できます。描画を始めた地点を固定するかどうかを選択できます。初期設定では有効になっていますが、無効にしたい場合は「モーションのフィルタリング」を1%以上にした上で、⚫をタップして無効にします。

筆圧の感度
筆圧の感度をグラフで調整できます。グラフのカーブの横軸は筆圧を表しており、左側に配置すると軽い筆圧でも描けるように、右側に配置すると強い筆圧でないと描けないようになります。縦軸はブラシの出力の程度を表しています。上に配置するほどブラシの太さや不透明度が最大限に出力され、下に配置するほど細いブラシと高い透明度で出力されます。

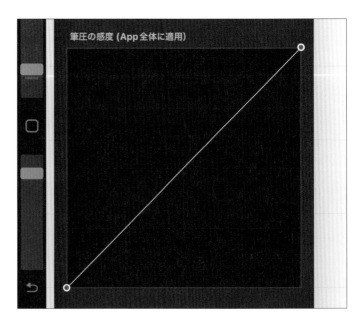

すべてをリセット
［すべてをリセット］→［リセット］の順にタップすると、「筆圧とスムーズ」を初期設定に戻します。

Section
17 ブラシのライブラリを確認する

ペイント、ぼかし、消しゴムは「ブラシのライブラリ」でブラシの形状を変えることができます。
鉛筆やゲルペン、水彩など200種類以上のブラシから選択できます。

ブラシのライブラリを表示する

1 キャンバス画面でツール（ここでは ✏️ ）を
タップします。

2 ツールが選択された状態になります。もう一
度同じツールをタップします。

3 ブラシのライブラリが表示されます。任意の
ブラシをタップして選択します。

ぼかし、消しゴムでもライブラリの表示方法
は同じです。ツールを選択した状態でツール
のアイコンをタップしましょう。

MEMO ▶ 同じブラシで描く、ぼかす、消す

「今、ペイントで使っているブラシと同じブラシで消したい」といったように、同じブラシをほかのツール
で使いたいと思ったら、ツール（ ✏️ 、 ✐ 、 ✐ ）を長押ししてみましょう。「現在のブラシで消す」と表示さ
れ、同じブラシが選択された状態になります。

ブラシのライブラリのインターフェース

ブラシセットは新規
に作成することもで
きます。ブラシセッ
トを下方向にスワイ
プすると表示されま
す（MEMO参照）。

**ブラシスタジオ／読
み込む**
選択中のブラシのブラ
シスタジオを表示しま
す。［読み込む］をタッ
プするとブラシを読み
込めます。

最近の項目
最近使ったブラシが表
示されます。

選択中のブラシ
選択中のブラシは青く
表示されます。

ブラシセット
ブラシがカテゴリごと
にまとめられています。

ブラシ
使用できるブラシとブ
ラシのプレビューが表
示されます。

MEMO ▶ ブラシセットを新規作成する

ブラシのライブラリで➕をタップし、ブラシセットの名
称を入力して⏎をタップするとブラシセットを新規作成
できます。作ったブラシセットに頻繁に使うブラシなど
をまとめておくことで、ブラシを選ぶ時間を短縮できま
す。

ブラシのライブラリを整理する

ブラシはブラシセット内で順番を変えたり、任意のブラシセットに移動したりできます。ここでは作成したブラシセット（P.051MEMO参照）に移動する手順を紹介します。

1 移動したいブラシを長押しします。

2 ブラシが移動できる状態になります。ブラシセットの上までドラッグします。

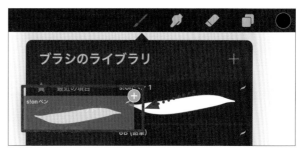

3 しばらく待つと、右側にブラシセットが表示されます。任意の位置までドラッグして指を離すと移動できます。

MEMO ▶ ブラシセットを削除する

ダウンロードや新規作成したブラシセットは削除できます。削除したいブラシセットの名称をタップして［削除］→［削除］の順にタップするとブラシセットを削除できます。

Section 18 ブラシの種類

このセクションでは、Procreateのブラシセットと標準ブラシを紹介します。描き心地や質感などを実際に試して、自分好みのブラシを探しましょう。

スケッチ

「シャーペン」「HB鉛筆」など、スケッチやデッサン、図面作成の際に使用されるブラシがまとめられています。画用紙に描いたときのようなかすれ具合を表現できます。

インキング

「製図ペン」「ゲルペン」「マーカー」など、インクを使用するブラシがまとめられています。筆圧によってはインクだまりなどもでき、手書き感が伝わります。

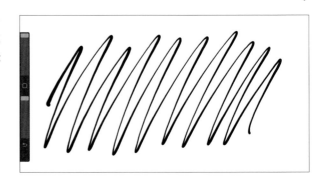

描画

「フレーシネ」「オベロン」など、画用紙や絵画のようなテクスチャが特徴のブラシです。色を塗るときの利用にもおすすめです。

ペイント

「円ブラシ」「アクリル」「油彩」など、描画に使用されるさまざまなブラシがまとまったブラシセットです。デジタルイラストらしい表現から絵具を用いたようなアナログな表現まで幅広く活用されます。

スプレー

「細いノズル」「フリック」「ドリップ」など、スプレーでの描画を表現できるブラシです。インクが飛び散ったような形が特徴です。

アーティスティック

「オーロラ」「サッサフラス」「クォール」など、キャンバスや布のようなテクスチャが特徴のブラシです。色を重ねる、混色するといった際に活用されます。

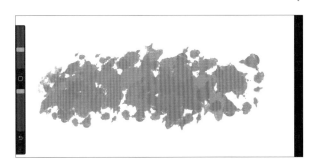

MEMO ▶ ブラシの右上の✎

ブラシの右上に✎が表示されているものがあります。これは、複製やカスタマイズされたブラシだということを表しています。

カリグラフィ

「モノライン」「チョーク」「ブラシペン」など、文字を書く際に活躍するブラシがまとめられています。レタリングを作成するときに使ってみましょう。筆圧などの繊細な入力に反応するよう設定されています。

エアーブラシ

「ソフトブラシ」「エアーブラシ」など、デジタルイラストに必須のブラシがまとめられたセットです。べた塗りやグラデーションに使用されます。

テクスチャ

「モザイク」「グリッド」「ビクトリアン」など、模様やパターンを描画できるブラシです。背景や服飾などの柄に活用できます。

MEMO ▶ すべてのブラシを調整したい

個別のブラシでなく、すべてのブラシの手ぶれ補正や筆圧を調整したいときは、環境設定の「筆圧とスムーズ」から設定できます（Sec.06参照）。

抽象

「波形」「スピキュール」「多角形」など、抽象的な形が特徴のブラシです。シェイプの向きがランダムのため、描くたびに新しい描画が生まれます。デジタルイラスト特有の表現を楽しみましょう。

木炭

「チャーコール」「カーボンスティック」など、画用木炭の質感を表現できるブラシです。デッサンなどで利用されます。

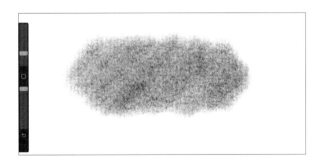

エレメント

「煙り」「炎」「水彩」「クリスタル」「雲」など、自然のものや現象をもとにしたブラシがまとめられています。背景や効果に役立ちます。

MEMO ▶ ブラシのブラシセットを検索する

「最近の項目」にあるブラシのブラシセットが何だったか思い出せないときは検索しましょう。P.051を参考に最近の項目を表示し、ブラシを左方向にスワイプして、[検索]をタップします。ブラシのブラシセットに移動します。

素材

「ブラックウッド」「ノイズブラシ」「細い髪」など、さまざまな素材をもとにしたブラシです。描画した範囲にメタリック感やウッド感といった質感を与えられます。

レトロ

「マートル」「グルービー」「ディスコ」など、レトロな雰囲気が特徴のブラシです。アンティーク感を演出できます。

輝度

「フレアー」「ライトペン」「ボケライト」「微光」など、光の効果を表現できるブラシがまとめられています。イラストを仕上げるときなどに使うと華やかになります。

MEMO ▶ 「最近の項目」からブラシを消去する

P.051を参考に最近の項目を表示し、固定したいブラシを左方向にスワイプして［消去］をタップすると、最近の項目からブラシを消去できます。ブラシ自体が削除されるわけではありません。

インダストリアル

「荒地」「錆びた腐食」「コンクリートブロック」など、ざらざらしたテクスチャを加えることができるブラシです。壁や金属、コンクリートを描きたいときに使ってみましょう。

オーガニック

「ペーパーデイジー」「竹」「粘土」など、自然物をもとにしたブラシのセットです。葉をちりばめたり、綿毛を飛ばしたりするほかにも、竹や粘土の質感で描画したりできます。

水彩

「ウェットスポンジ」「マッドスプラッシュ」「しみ」など、水に関するブラシがまとめられています。ウェット感があるため、水彩画風の描画に適しています。水しぶきを表現するブラシも充実しています。

MEMO ▶ よく使うブラシを「最近の項目」に固定する

頻繁に使用するブラシは「最近の項目」に固定しましょう。P.051を参考に最近の項目を表示し、固定したいブラシを左方向にスワイプして、[ピンで固定]をタップします。固定されたブラシは「最近の項目」のいちばん上に表示されます。

ブラシをカスタマイズする

ブラシを使っていて気になる点があるときは一度ブラシスタジオを確認してみましょう。自分に
ぴったりのオリジナルのブラシを生み出せるチャンスです。

ブラシスタジオを表示する

1 Sec.17を参考に「ブラシのライブラリ」画面
を表示し、カスタマイズしたいブラシを選択
します。

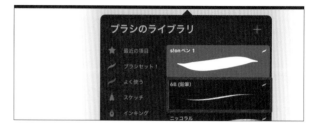

2 もう一度同じブラシをタップするか、■を
タップします。

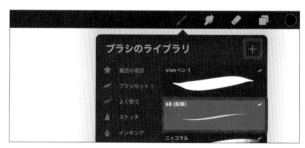

3 ブラシスタジオが表示されます。

MEMO ▶ 描画パッドで試し書きする

ブラシスタジオでは画面右側に試し書きができます。
[描画パッド] をタップすると、ブラシのサイズや色の
変更も可能です。[描画パッド] → [描画パッドを消去]
の順にタップするとパッドに描いた内容をリセットでき
ます。

ブラシスタジオで設定できる項目

パスの境界線を描く

ブラシの動きにそって配置される点の間隔や位置を調整することで滑らかさなどを変更できます。「間隔」ではキャンバスをなぞった際にシェイプがキャンバスにスタンプされる回数、「ジッター」ではシェイプの位置や距離、「フォールオフ」では描き終わる際の不透明度を設定できます。

手ぶれ補正

手ぶれ補正の強度を調整することで、手ぶれによる線のがたつきなどをなくし、滑らかな線にします。「強度」ではブラシ自体の線の滑らかさを、「筆圧」では筆圧による滑らかさを設定できます。

入り抜き

ブラシの描き始め（入り）と描き終わり（抜き）のサイズや不透明度を変更できます。

シェイプ

ブラシの先端の形状（シェイプ）について、散布や回転、数などを設定できます。[シェイプソース]とはブラシを構成する画像のことです。「シェイプソース」右側の[編集]をタップすると、シェイプソースにしたい画像を読み込むことができます。「散布」「回転」ではひとつひとつのシェイプの位置や傾き、「数」「数のジッター」ではスタンプされるシェイプの数を変更できます。「ランダム化」や「反転」などを有効にすると、シェイプをいかにランダムにスタンプするかどうかも編集できます。

カスタマイズ（Sec.19参照）やダウンロード（Sec.20参照）したブラシは削除することができます。ブラシを左方向にスワイプし、[削除]→[削除]の順にタップしましょう。

MEMO ▶ ブラシ設定をリセットする

ブラシスタジオで［描画パッド］→［すべてのブラシ設定をリセット］→［リセット］の順にタップすると、カスタマイズした内容をすべて消去し、初期設定に戻ります。一度リセットした内容は復元できないため注意が必要です。

グレイン

グレインとはシェイプ内のテクスチャのことです。ブラシの質感を決定づけます。「グレインソース」の右側の[編集]をタップすると、写真やファイル、ソースライブラリからテクスチャを変更することも可能です（ソースライブラリには、100以上のテクスチャが用意されています）。「グレインの動作」では、シェイプ内でグレインがどのように動くか設定できます。「移動中」と「テクスチャあり」はグレインの動きの違いです。グレインを固定したい場合は「移動中」を、グレインを固定せず連続してスタンプする状態にしたい場合は「テクスチャあり」を選択しましょう。

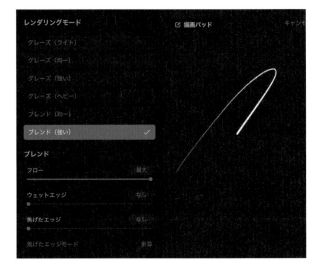

レンダリング

レンダリングモードを変更することでブラシの質感やほかの色との混ざり具合を調整できます。「グレーズ（ライト）」は標準的なモードで薄い絵の具で描くような効果を得られ、「ブレンド」ではほかの描画や色との混ざり具合を設定するウェットミックスの効果が強まります。

ウェットミックス

ブラシに乗せる絵の具の量を調整します。ほかの色に与える影響度合いが変化します。「希釈度」のスライダーを操作することで、水の量の調整も可能です。「充電する」では描き始める際の絵の具の量を調整できます。

カラーオプション

Apple Pencilの筆圧や傾きに基づいて変化するカラー、彩度、明るさなどを調節できます。「スタンプカラーのジッター」「ストロークカラーのジッター」の項目を有効にすると、色相や彩度がそれぞれランダムに変化するようになります。

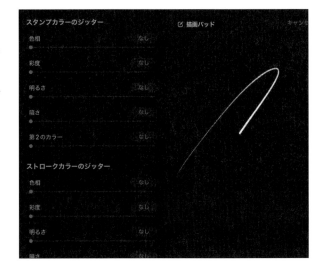

ダイナミクス

描く速さに応じて描画をダイナミックに変化させるための項目です。これらの設定は、Apple Pencilの筆圧や傾きに影響されません。「速度」では描く速さに応じて変化するサイズや不透明度を設定できます。「0%」にするとサイズや不透明度は均一になり、数字を大きくすると速く描くほど細く透明になります。「ジッター」ではスタンプされるシェイプや不透明度をランダムに変化させます。

Apple Pencil

Apple Pencilで描画した際の筆圧や傾きによるサイズ、不透明度、フロー（絵の具の量の変化幅）、滲みなどを調整できます。Apple Pencilで描いたときだけ濃く描けないといった場合は、フローやにじみを調整してみましょう。「チルト」では、Apple Pencilの傾きにより反応する効果のきっかけになる角度を設定できます。0度はキャンバスに対して水平、90度はキャンバスに対して垂直であることを示します。たとえば、「チルト」を45度に設定すると、Apple Pencilの傾きによる効果が45度を基準に調整されるようになります。

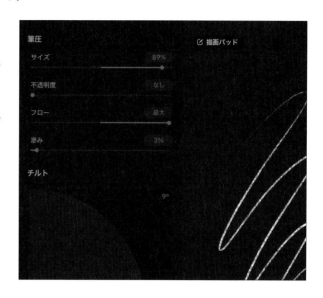

プロパティ

ブラシのライブラリ（Sec.17参照）に表示されるプレビューについて設定できます。「ブラシの動作」では、ブラシサイズと不透明度の制限を設定することも可能です。

素材

3Dモデル（第9章参照）などの素材に描画した際の光沢感やマット感を調整できます。「メタリック」の「強度」では、数字を大きく設定するほどメタリック感を演出できます。「粗さ」の「強度」では、数字を大きく設定するほどマット感を演出できます。

このブラシについて

カスタムブラシに署名やプロフィール写真、ブラシのタイトルの追加、作成日の確認ができます。「新規リセットポイント」はブラシをカスタムしているときに途中経過を保存できる機能です。大きな変更を加える前などに保存しておくと安心です。また、これらの情報はブラシを共有したあとも残るため、オリジナルのカスタムブラシを配布する際などにトラブルの防止に役立ちます。

MEMO ▶ ブラシの名前を変更する

「このブラシについて」メニューを表示しているときに、画面上部のブラシの名称（ここでは[6B（鉛筆）]）をタップするとブラシの名称を編集できます。

Section 20

ブラシを読み込む

ほかのユーザーが作成したカスタムブラシはダウンロードすることで自分のProcreateでも使うことができます。ここではブラシを読み込む方法と注意点を紹介します。

カスタムブラシをダウンロードする際の注意点

カスタムブラシを配布しているユーザーのサイトに注意事項が記載されている場合は必ず注意事項を守りましょう。注意事項としては、無断転載や再配布をしないこと、改変して販売しないこと、自作発言をしないことなどが挙げられます。ユーザーによっては利用範囲を限定していることもあります。ダウンロードページをよく読み、ユーザーの指示に従ったうえで利用しましょう。

カスタムブラシには署名することができます。トラブルを防止するためにも活用しましょう。

MEMO ▶ ブラシの販売、配布場所

ブラシはbooth（https://booth.pm/ja）やpixivFANBOX（https://www.fanbox.cc/）などのネットショップでも配布、販売されています。iPadの「Safari」アプリなどからアクセスし、サイト内の［ダウンロード］をタップすることで「ファイル」アプリに保存できます。なお、購入方法は各サイトを確認してください。

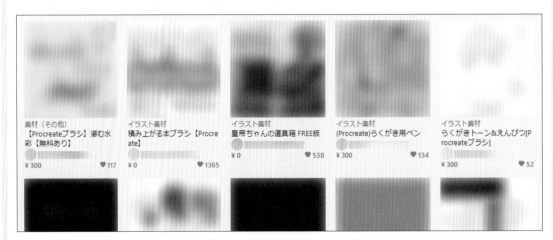

ダウンロードしたブラシを展開する

1 ネットショップなどからブラシデータをダウンロードしたら、ホーム画面で［ファイル］をタップします。

> ダウンロードしたデータが「.zip」ファイルでない場合は、この手順は不要です。P.066を参考に読み込んでください。

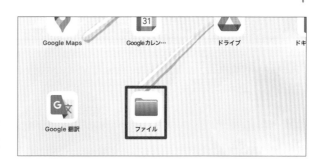

2 「ファイル」アプリが起動します。［ダウンロード］をタップします。

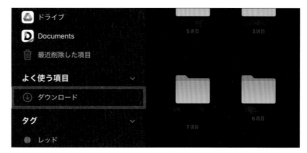

3 ブラシが「.zip」形式で保存されています。ブラシをタップします。

4 データが展開されます。

MEMO ▶ ブラシ／ブラシセットを共有する

ブラシやブラシセットは共有することができます。ブラシのライブラリ画面で共有したいブラシを左方向にスワイプし［共有］をタップして、共有方法を選択しましょう。ブラシセットの場合は、ブラシのライブラリ画面でブラシセットをタップし、［共有］をタップして共有方法を選択します。なお、共有できるブラシセットは作成したブラシセットのみです。

カスタムブラシを読み込む

1 Sec.17を参考に「ブラシのライブラリ」画面を表示し、 ▣ をタップします。

「最近の項目」を選択しているときは ▣ が表示されません。任意のブラシセットをタップして選択しましょう。

2 [読み込む] をタップします。

3 「ファイル」アプリが表示されます。ダウンロードしたファイルをタップします。

「.zip」形式のファイルはProcreateに読み込めません。展開したかどうか確認しましょう（P.065参照）。

4 読み込みが完了すると手順 **1** の画面に戻ります。ブラシが追加されていることを確認できます。

ブラシセットの場合も読み込むまでの手順はブラシと同じです。

第4章
レイヤーの活用

イラストの完成図は数枚の「レイヤー」が結合されたものです。レイヤーには順番の入れ替えや不透明度の変更、グループ化などさまざまな機能が備わっています。また、25種類ものブレンドモードを活用するとイラストを自分好みの雰囲気に加工できます。

Section
21

レイヤーでできること

レイヤーとは「層」を意味し、透明なシートのようなものです。描画したレイヤーを順番に並べ
てすべて合成した状態がイラストの完成図になります。

レイヤーとは

レイヤーとは透明なシートのようなもので、レイヤーに描画したものを上から合成した状態がイラストの完成図
になります。肌や髪、服を塗り分けたい、背景と人物を分けたいといったときに活躍します。1枚のレイヤーにす
べてを描き込む方法ももちろんありますが、パーツによってレイヤーを分けていたために塗り替えや修正、加工
がしやすいといったメリットもあります。

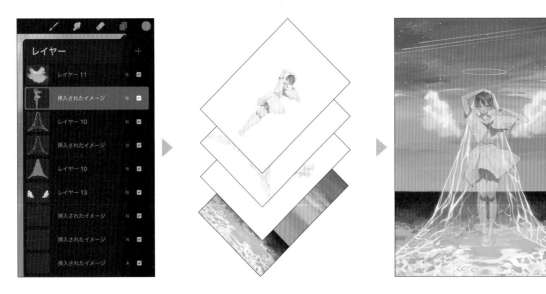

レイヤーでできること

場所による塗り分け

レイヤーでいちばん役に立つことは、パーツや場所
などによって塗り分けができることです。上に配置
したレイヤーに人物、下に配置したレイヤーに背景
を描いた場合は人物の配置を自由に変更できます。
複数のレイヤーをいっしょに修正したいときは変形
（Sec.47参照）やゆがみ（P.135参照）を利用しま
しょう。

レイヤーの重ね順の変更

レイヤーパネル（Sec.22参照）で上に位置するレイヤーは、イラストの完成図でもほかのパーツより前に表示されます。レイヤーはいつでも重ね順を変更できるため、隠れていた描画を前に出したいときはレイヤーを移動させましょう。

移動したいレイヤーを長押しすることで移動できるようになります。

ブレンドモードによる加工

レイヤーにブレンドモード（Sec.28参照）を適用することでイラストの合成や加工を行えます。Procreateでは「乗算」や「オーバーレイ」など25種類のブレンドモードが用意されています。

グループ化してレイヤーを整理

レイヤーは最大で数百枚に及ぶこともあるため、整理も大変です。そういったときはグループ化（Sec.26参照）を活用しましょう。レイヤーをフォルダにまとめることができ、レイヤーパネルをすっきりさせます。

グループには、選択や変形（第6章参照）、ゆがみ（P.135参照）が使用できます。複数枚のレイヤーをまとめて編集したいときはグループ化しましょう。なお、「色相、彩度、明るさ」（P.123参照）などの色調整、「ぼかし（ガウス）」（P.126参照）や「ノイズ」（P.129参照）などの加工はできません。

Section 22 レイヤーパネルを確認する

ペイントやぼかしなどどのようなツールを選択していても◻をタップすればレイヤーパネルを表示できます。このセクションでは、レイヤーパネルの見方を紹介します。

レイヤーパネルを表示する

1 キャンバス画面で◻をタップします。

2 レイヤーパネルが表示されます。

> もう一度◻をタップするか、レイヤーパネル以外の箇所をタップすることでレイヤーパネルを閉じることができます。

MEMO ▶ レイヤー数の上限や使用中のレイヤーの数を確認する

キャンバス画面で🪄→［キャンバス］→［キャンバスの情報］→［レイヤー］の順にタップすると、「最大のレイヤー数」や「使用中のレイヤー」、「利用可能なレイヤー」など、キャンバス全体のレイヤー情報を確認できます。

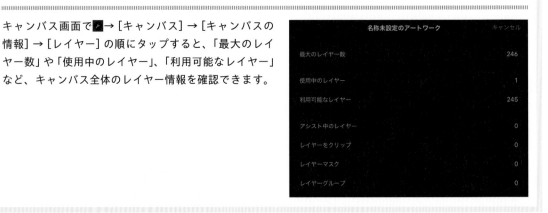

レイヤーパネルのインターフェース

選択中のレイヤー
選択中のレイヤーは青く表示されます。

レイヤーのサムネイル
レイヤーに描画されている内容が表示されます。

レイヤー名
レイヤー名です。名称は自由に編集できます。

グループ
レイヤーをまとめられます。▶をタップすると展開し、▼をタップするともとに戻ります。

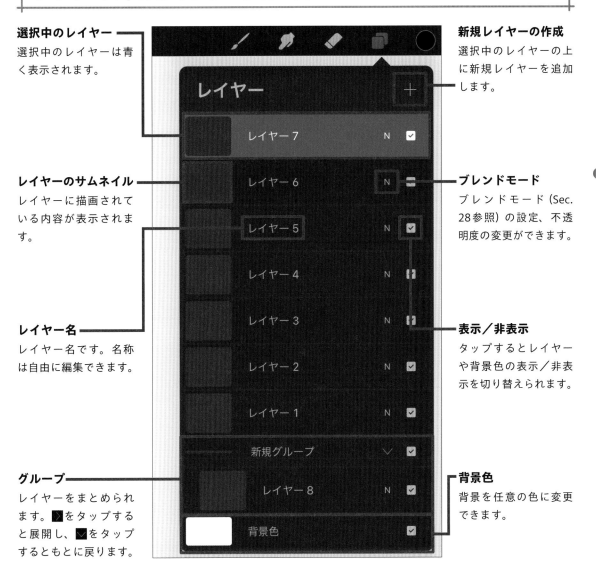

新規レイヤーの作成
選択中のレイヤーの上に新規レイヤーを追加します。

ブレンドモード
ブレンドモード（Sec.28参照）の設定、不透明度の変更ができます。

表示／非表示
タップするとレイヤーや背景色の表示／非表示を切り替えられます。

背景色
背景を任意の色に変更できます。

MEMO ▶ レイヤーを複数選択する

レイヤーパネルでレイヤーを右方向にスワイプすると、レイヤーが暗い青色の表示に変わります。これはレイヤーが選択されている状態で、連続して右方向にスワイプすることで何枚でも選択することができます。複数枚のレイヤーの移動、削除、グループ化をしたいときに利用します。

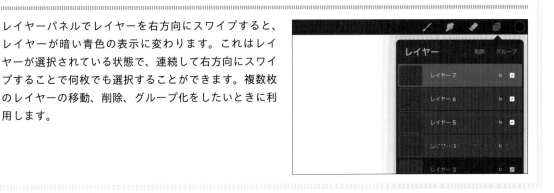

新規レイヤーを追加する

レイヤーパネルで ✚ をタップするだけで新規レイヤーを追加できます。新規レイヤーは選択中の
レイヤーの上に配置されます。

新規レイヤーを追加する

1 レイヤーパネルを表示し、✚ をタップしま
す。

2 選択しているレイヤーの上に新規レイヤーが
追加されます。

MEMO ▶ 「〇〇件のレイヤーの上限に達しました」と表示された

新規レイヤーを追加しようとした際に、画面上部に「〇〇件のレイヤーの上限に達しました」と表示された
場合は、使用できるレイヤー数を使い切っています。レイヤーを増やすことはできないため、まずは結合
（Sec.27参照）や削除（Sec.32参照）などしてレイヤーを減らしましょう。レイヤーの設定を変更したくな
いというときはアートワーク自体を複製（Sec.15参照）しておくのもおすすめです。

Section

24

画像をレイヤーとして読み込む

「写真」アプリに保存されている JPEG や PNG、PSD などの画像データをレイヤーとして読み込む ことができます。イラストの背景に写真を使いたいときなどに活用しましょう。

画像を読み込む

1 キャンバス画面で ✦ をタップします。

2 [追加]→[写真を挿入]の順にタップします。

3 「写真」アプリが表示されます。読み込みたい 写真をタップします。

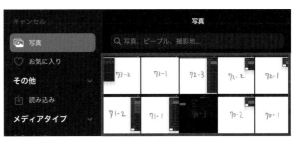

> 手順 **2** の画面で [ファイルを挿入]をタップ すると、「ファイル」アプリが表示されます。

4 写真が読み込まれます。読み込んだ直後は画 像を変形（第6章参照）できる状態になって います。

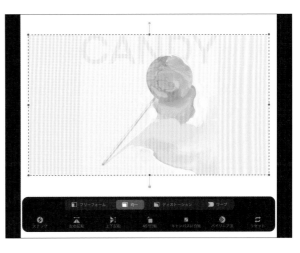

> 読み込む際に選択しているレイヤーが描画さ れている場合は、読み込んだ画像が新規レイ ヤーとして読み込まれます。レイヤーに何も 描かれていない場合はそのレイヤーに画像が 読み込まれます。

Section **25**

不透明度を変更する

初期設定ではレイヤーは不透明ですが、不透明度のスライダーを操作することでレイヤーを透明、半透明にすることができます。

レイヤーの不透明度を変更する

1 レイヤーパネルを表示し、不透明度を変更したいレイヤーの N をタップします。

> アイコンは設定中のブレンドモード（Sec.28参照）によって変化します。

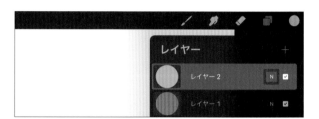

2 「不透明度」のスライダーを左右にドラッグします。

3 レイヤーの不透明度が変化します。

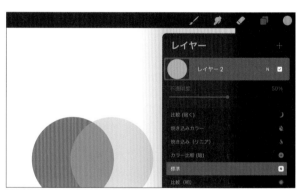

> スライダーの右側にある数字は不透明度のパーセンテージです。

MEMO ▶ ジェスチャで不透明度を調整する

レイヤーパネルでレイヤーを2本の指でタップし、画面を左右にスワイプすることでも不透明度を調整できます。不透明度を決定したいときはキャンバス画面→［適用］の順にタップします。

Section 26

レイヤーをグループ化する

レイヤーパネルでは、フォルダのようにレイヤー数枚をまとめてグループ化することができます。レイヤーパネルを整理する際に活用しましょう。

レイヤーをグループ化する

1 レイヤーパネルを表示し、グループ化したいレイヤーを長押しします。

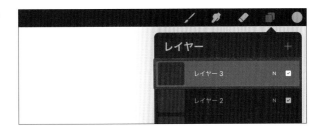

2 レイヤーを移動できるようになります。グループにしたいレイヤーの上までドラッグし、指を離します。

> グループにレイヤーを追加したい場合は、同様の手順でレイヤーをグループの上までドラッグし、任意の位置で指を離します。

3 レイヤーがグループ化されます。

> グループをタップして選択し、グループの名称部分（右の画像では［新規グループ］）→［名前を変更］の順にタップすると、グループの名称を変更できます。

MEMO ▶ 複数のレイヤーをまとめてグループ化する

P.071MEMOを参考にレイヤーを複数選択した状態で、レイヤーパネル右上の［グループ］をタップすると、複数のレイヤーをまとめてグループ化できます。なお、グループ化をしても、レイヤーの表示／非表示（Sec.22参照）やブレンドモード（Sec.28参照）などの設定は変更されません。

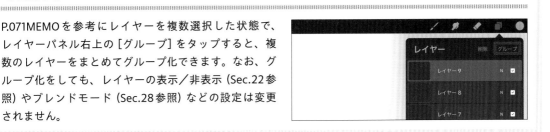

Section 27 レイヤーオプションを活用する

レイヤーを選択した状態でもう一度タップすると「レイヤーオプション」が表示されます。名前を変更したり、マスクをクリップしたりとさまざまなことができます。

レイヤーオプションを表示する

1 レイヤーパネルを表示し、選択中のレイヤーをタップします。

> 選択中のレイヤーは青く表示されます。

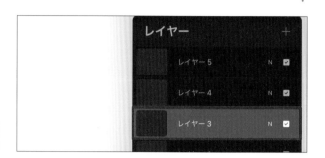

2 レイヤーオプションが表示されます。各項目をタップすると実行します。

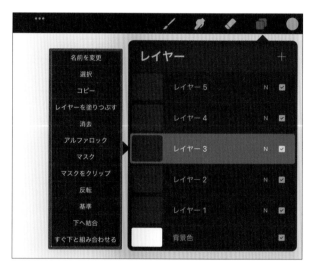

利用できるレイヤーオプション

名前を変更

新規レイヤーを追加すると自動的に「レイヤー1」「レイヤー2」といった通し番号が付いたレイヤー名になります。レイヤーの内容がわかりにくいと感じるときは、[名前を変更]をタップしてレイヤーの名称を編集しましょう。

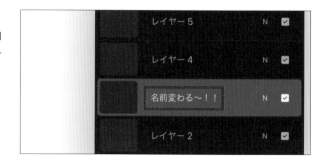

選択

[選択] をタップすると、レイヤー内に描画されている部分が選択 (Sec.43参照) された状態になります。 をタップすると移動や変形ができます。

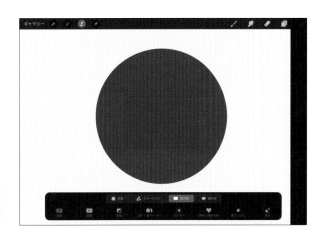

斜線部分は選択されていない範囲を表しています。

コピー

[コピー] をタップするとレイヤーがコピーされた状態になります。ほかのレイヤーだけでなく、ほかのキャンバスにも貼り付けることができます。貼り付ける際は画面を3本の指で下方向にスワイプし、[ペースト] をタップします (Sec.08参照)。

レイヤーを塗りつぶす

塗りつぶしたい色を選択した状態 (Sec.33参照) で [レイヤーを塗りつぶす] をタップすると選択中の色でレイヤー全体を塗りつぶします。アルファロックを活用すると、描画した範囲のみを塗りつぶせます (P.078MEMO参照)。

部分的に色を塗りつぶしたい場合は、ColorDrop (Sec.34参照) を利用しましょう。

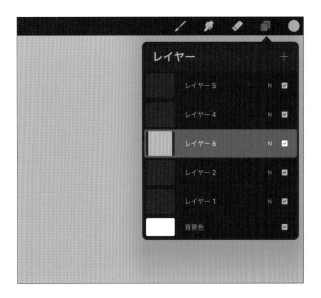

消去

[消去]をタップすると、レイヤーに描画されている内容がすべて削除されます。レイヤーの不透明度（Sec.25参照）も「最大（100%）」にリセットされますが、ブレンドモード（Sec.28参照）やレイヤー名はリセットされません。

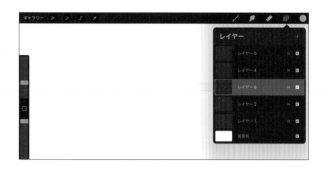

アルファロック

[アルファロック]をタップすると、レイヤーに描画されていない範囲（透明な部分）がロックされ、描画されている範囲のみに描けるようになります。「マスクをクリップ」（P.079参照）との違いはレイヤーを分ける必要がないという点です。

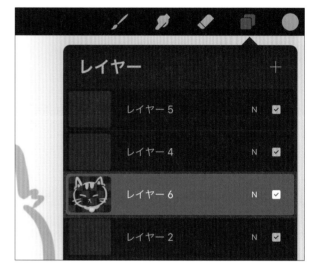

> レイヤーを2本の指で右方向にスワイプすることでもレイヤーをアルファロックできます。

マスク

[マスク]をタップすると「レイヤーマスク」というレイヤーが作成されます。レイヤーマスクに明度の低い色で描画するともとのレイヤーの描画内容が非表示に、明度の高い色で描画すると表示にできます。もとのレイヤーにあるイラストを残しつつイラストの一部分だけを非表示にしてみたい、半透明にしてみたいというときに使用します。

MEMO ▶ アルファロックしてから塗りつぶす

[アルファロック]をタップしてレイヤーをアルファロックしてから、[レイヤーを塗りつぶす]をタップしてレイヤーを塗りつぶすと、レイヤー内の描画された範囲のみが塗りつぶされます。シルエットを作成するときなどに役立ちます。

マスクをクリップ

下地となるレイヤーに新規レイヤーをクリップすることで下地からはみ出さずに描画できます。これを「マスクをクリップ」といい、影やハイライト、柄などを描くときに活用されます。[マスクをクリップ] をタップすると、下のレイヤーにクリップします。

描画アシスト

描画ガイド（Sec.54参照）を設定しているときに [描画アシスト] をタップして有効にすると、描画ガイドに沿った直線や線対称のイラストを描くことができます。

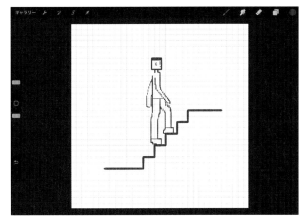

反転

レイヤーに描画されている色が補色（黄色であれば紫）に変更されます。もとに戻すか、もう一度 [反転] をタップするともとの色に戻ります（レイヤーの左右／上下反転については P.118 参照）。

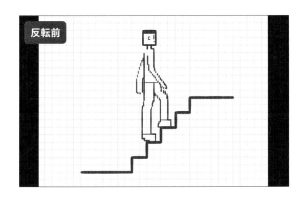

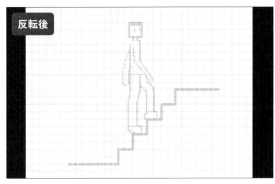

基準

線画を描いたレイヤーの［基準］をタップして有効にすると、ほかのレイヤーでColorDrop（Sec.34参照）を行ったときでも、基準となっているレイヤーの線画からはみ出さずに塗りつぶすことができます。基準が有効になったレイヤーにはレイヤー名の下に「基準」と表示されます。

下へ結合

［下へ結合］をタップすると、選択中のレイヤーとすぐ下のレイヤーが結合されます。レイヤー数が上限に達したときなどに活用しましょう。

すぐ下と組み合わせる

［すぐ下と組み合わせる］をタップすると、選択中のレイヤーとすぐ下のレイヤーがグループ化（Sec.26参照）されます。複数のレイヤーをまとめてグループ化したいときはP.075MEMOを参照してください。

MEMO ▶ ジェスチャで複数枚のレイヤーをまとめて結合する

レイヤーパネルを表示し、結合したい複数枚のレイヤーをつまむようにピンチインをすると、すべてのレイヤーを結合できます。もとの並び順の通りに結合されるため、結合する前にレイヤーの順番を確認しましょう。

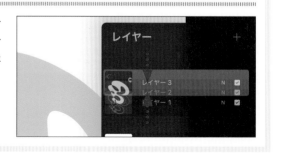

ブレンドモードで加工する

レイヤーのブレンドモードを変更するとさまざまな合成や加工を楽しめます。影を塗る、ハイライトを追加するなど、用途も多種多様です。

ブレンドモードとは

ブレンドモードとは、下に位置するレイヤー内の描画に対して効果を付けられる機能のことです。影を塗りたいときは「乗算」を、コントラストを強くしたいときは「オーバーレイ」を、といったように用途によってブレンドモードを使い分けます。Procreate ではほかにも「スクリーン」「ハードライト」「輝度」など25種のブレンドモードが使用できます。まずはブレンドモードを試してみてどのような効果が得られるかを確認しましょう。思わぬ結果が得られるかもしれません。

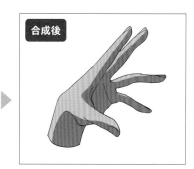

ブレンドモードを設定する

1 レイヤーパネルを表示し、**N**をタップします。

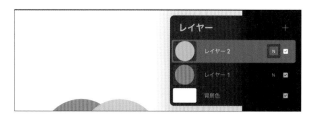

2 ブレンドモードが一覧表示されます。上下にスワイプして、任意のブレンドモードをタップすることで選択します。

> ブレンドモードは不透明度（Sec.25参照）を変更することでも効果を調整できます。ブレンドモードの効果が想定よりも強いと感じたら、不透明度を下げてみましょう。

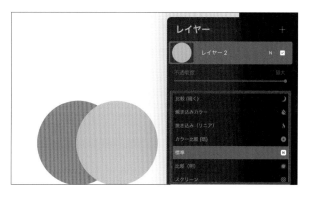

ブレンドモードの種類

上のレイヤー	下のレイヤー

乗算

上と下のレイヤーの輝度を乗算するため暗くなります。

比較（暗く）

上下のレイヤーを比較して暗い方を表示します。

焼き込みカラー

上下のレイヤーの中間色を強調します。乗算より暗いです。

焼き込み（リニア）

上のレイヤーの明るさに応じて下のレイヤーを暗くします。

カラー比較（暗）

上下のレイヤーのRGBすべてを比較し暗い方を表示します。

比較（明）

上下のレイヤーを比較して明るい方を表示します。

スクリーン

上のレイヤーの輝度に応じて明るくします。

覆い焼きカラー

上下のレイヤーの中間色の彩度を上げます。

追加

基本色を明るくします。スクリーンよりも明るくなります。

カラー比較（明）

上下のレイヤーのRGBすべてを比較し明るい方を表示します。

オーバーレイ

明るい箇所をより明るく、暗い箇所をより暗くします。

ソフトライト

オーバーレイをやさしくしたブレンドモードです。

ハードライト

乗算とスクリーンを組み合わせたブレンドモードです。

ビビッドライト

灰色より暗い色をより暗く、明るい色をより明るくします。

リニアライト

明るい箇所に覆い焼き、暗い箇所に焼き込みを適用します。

ピンライト

比較（暗く）と比較（明）を同時に実行します。

ハードミックス

白黒または赤、青など原色のみで描いたイメージになります。

差の絶対値

上下のレイヤーの色の差にもとづいて合成します。

除外

差の絶対値よりコントラストがやさしいモードです。

減算

上下のレイヤーで明るさを引き算し、暗くします。

分割

減算の反対の効果を持つブレンドモードです。

色相

色調と彩度を保持したまま、色相のみ変化します。

彩度

上のレイヤーで最も低い彩度を表示します。

カラー

下のレイヤーの輝度を保持して色相と彩度を表示します。

輝度

下のレイヤーの色相と彩度を保持して輝度を表示します。

Section 29 背景色を指定する

背景色はどのような色にでも変更することが可能です。白などの明るい色を塗りたいときは背景色を暗くすると描画した個所をわかりやすくできます。

レイヤーパネルから背景色を指定する

1 レイヤーパネルを表示し、[背景色]をタップします。

> 背景色はレイヤー数に含まれていません。

2 カラーパネルが表示されます。任意の色を選択し、[完了]を選択します。

3 背景色が変更されます。

> 手順**1**の画面で、☑をタップすると背景を非表示にできます。

MEMO ▶ 背景を透過して保存したい

キャンバスに描画していない部分を透明なものとして処理することを透過といいます。アートワークを透過画像として保存したいときはレイヤーパネルで「背景色」の☑をタップして背景を非表示にし、PNG形式（Sec.13参照）で書き出しましょう。

Section

30

レイヤーをロックする

大事な情報を載せたレイヤーは「ロック」して保護しましょう。ロックされたレイヤーはロックを解除するまで編集したり削除したりできません。

レイヤーをロックする

1 レイヤーパネルを表示し、ロックしたいレイヤーを左方向にスワイプします。

2 [ロック]をタップします。

3 レイヤーがロックされ、レイヤーに🔒が表示されます。

MEMO ▶ ロックを解除する

ロック中のレイヤーを左方向にスワイプし、[ロック解除]をタップするとレイヤーのロックが解除されます。ほかにもロックされたレイヤーに描画しようとした際に表示される「レイヤーの選択内容をロック中」画面で[ロック解除]をタップすることでも解除できます。

レイヤーを複製する

「手を加えたいがうまく描けるかわからない」といった場合にはレイヤーを複製してから描画しましょう。うまく描けなかった場合も複製したレイヤーがあるので安心です。

レイヤーを複製する

1 レイヤーパネルを表示し、複製したいレイヤーを左方向にスワイプします。

2 [複製] をタップします。

3 レイヤーが複製されます。

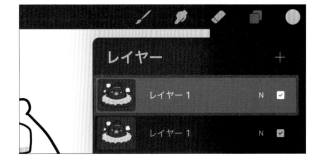

複製されたレイヤーの名称は複製元と同じです。必要に応じて名称を変更しましょう（Sec.27参照）。

MEMO ▶ **グループをロック、複製、削除する**

グループもロックや複製、削除が可能です。手順はレイヤーと大きな違いはなく、グループを左方向にスワイプし、表示される [ロック] [複製] [削除] をタップします。

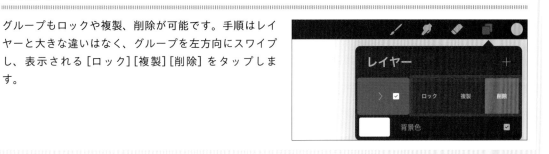

第 **4** 章 ● レイヤーの活用

Section 32 レイヤーを削除する

レイヤーを削除する手順を紹介します。レイヤー数には上限があるため、使用しないレイヤーは削除しておくことをおすすめします。

レイヤーを削除する

1 レイヤーパネルを表示し、削除したいレイヤーを左方向にスワイプします。

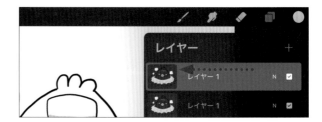

2 [削除] をタップします。

3 レイヤーが削除されます。

MEMO ▶ 削除したレイヤーをもとに戻す

アートワークの削除（Sec.15参照）などと違い、レイヤーの削除はもとに戻すことで復元できます。なお、レイヤーを削除した状態でギャラリーに戻った場合は、レイヤーは復元できません。

第5章
カラーの活用

Procreate では5種類のカラーパネルが用意されています。写真から
スポイトで色を取得したり、直感的な操作で色を作り出したり、数
値を入力して正確に色を指定したりと、自分のスタイルに合った色
の選択方法で色塗りを楽しめます。

Section 33 カラーパネルを確認する

カラーパネルを使ってカラフルに描画してみましょう。Procreateにはさまざまなカラーパネルが用意されており、自分好みの色の選択方法を選べます。

カラーパネルを表示する

1 キャンバス画面で●をタップすると、カラーパネルが表示されます。

●には、現在選択中の色が表示されています。

カラーパネルのインターフェース

選択中のカラー
選択中の色が表示されます。

ポインター
選択中の色の位置を表します。

履歴
最近使用した色が10色まで表示されます（iPadのモデルによっては表示されません）。

パレット
お気に入りの色をまとめられます（Sec.41参照）。

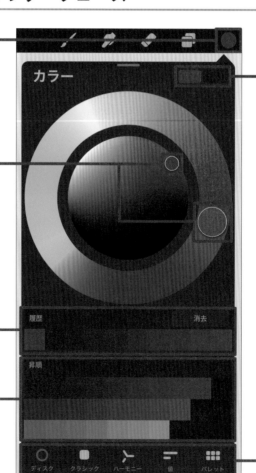

メインカラー（左）／第2のカラー（右）
ブラシスタジオ（Sec.19参照）で「第2のカラー」を有効にしている場合、筆圧やApple Pencilの傾き、なぞる範囲などによって、色がメインカラーから第2のカラーの範囲で変化します。

ディスク／クラシック／ハーモニー／値／パレット
任意のカラーパネルに変更できます。

カラーパネルの種類

ディスク

外側に色相のリング、中央に彩度と明るさを調整できるディスクが
あります。リングとディスクそれぞれの任意の位置をタップするこ
とで色を選択できます（Sec.37参照）。

クラシック

上部に正方形のカラーピッカー、下部に色相、彩度、明るさを選択
できるスライダーがあります。カラーピッカーで選択した色をスラ
イダーで微調整します（Sec.38参照）。

ハーモニー

色相と彩度がひとつになったカラーピッカーと明るさを調整できる
スライダーがあります。カラーピッカーは外側に向かうと彩度が高
く、内側に向かうと彩度が低くなります（Sec.39参照）。

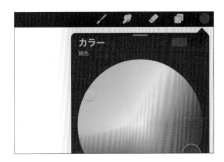

値

色相、彩度、明るさ、赤、緑、青を調整できるスライダーが表示さ
れます。数値による入力も可能であるため、正確に色を指定できま
す（Sec.40参照）。

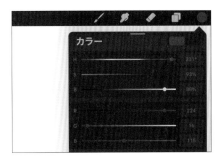

パレット

お気に入りの色を登録したスウォッチがパレットごとに一覧表示さ
れます。パレットは自由に編集、整理、共有が可能です（Sec.41参
照）。

Section 34 ColorDrop で塗りつぶす

ColorDropとは、選択中の色をドラッグするだけで塗りつぶしができるProcreateならではの機能です。タップするだけで連続で塗りつぶすこともできます（Sec.35参照）。

ColorDrop で塗りつぶす

1 任意の色を選択した状態で、●からキャンバス画面までドラッグします。

2 色が移動できる状態になります。任意の位置までドラッグします。

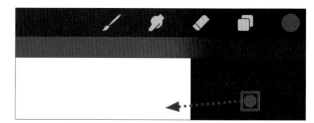

3 指を離すと塗りつぶされます。

MEMO ▶ 塗りつぶしの境界

ColorDropは同じレイヤー上に描画されている内容が塗りつぶしの境界になります。レイヤーに何も描画されていない場合はキャンバス全体が塗りつぶされます。なお、別のレイヤーの描画内容を塗りつぶしの境界にしたい場合は「基準」（Sec.27参照）を活用しましょう。線画と塗りつぶしのレイヤーを分けたいときに便利です。

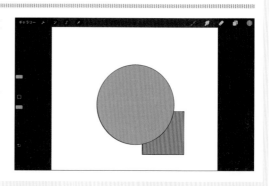

ColorDrop のしきい値を調整する

1 P.092 を参考に、ColorDrop で塗りつぶします。

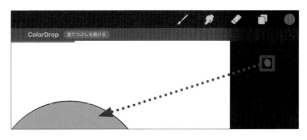

2 塗りつぶした際に指を離さずに、画面を左右にドラッグします。

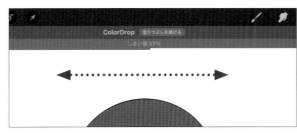

3 画面上部にしきい値が表示され、塗りつぶしの範囲を調整できるようになります。任意の値で指を離すと、塗りつぶしの範囲が確定します。

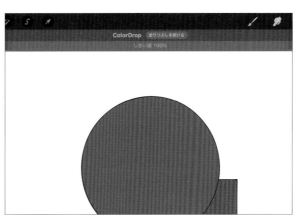

しきい値は、右にスワイプすると大きく、左にスワイプすると小さくなります。より広く塗りつぶしたいときは右に、狭く塗りつぶしたいときは左にスワイプします。

MEMO ▶ しきい値とは

しきい値とは塗りつぶしなどで判定の境界になる数値のことで、線や色が基準になります。Procreate では ColorDrop で塗りつぶしをした際に塗りつぶす範囲を調整する尺度として使用されます。

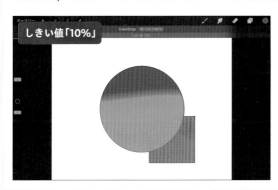
しきい値「10%」

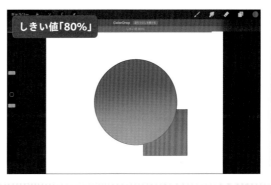
しきい値「80%」

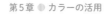

連続して塗りつぶす

ColorDropで塗りつぶしたあとに画面上部に表示される「塗りつぶしを続ける」をタップすると、タップするだけで連続して塗りつぶせるようになります。

連続して塗りつぶす

1 Sec.34を参考に、ColorDropで塗りつぶします。

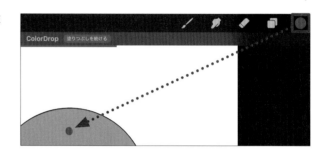

2 画面上部の［塗りつぶしを続ける］をタップします。

3 任意の位置をタップすると連続して塗りつぶすことができます。

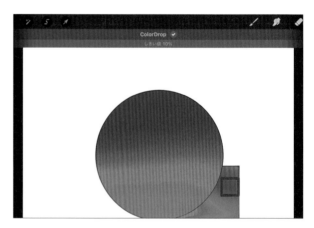

> 画面上部に表示されているバーは塗りつぶしのしきい値（Sec.34参照）を表しています。画面を左右にドラッグすることで調整できます。

MEMO ▶ **塗りつぶししながら色を変更する**

「塗りつぶしを続ける」の間は色の変更も可能です。■をタップして任意の色を選択し、キャンバス画面をタップすると選択した色で塗りつぶせます。なお、✐や🖊などのツールアイコンや✦をタップすると、「塗りつぶしを続ける」が解除されます。しきい値を調整したい場合は、画面を左右にドラッグすることで調整できます。

Section

36 スポイトで色を選択する

スポイトとは、キャンバス上の任意の箇所から色をサンプリングできる機能です。カラーパネルを表示する手間が省けるため、作業時間が短縮されます。

スポイトで色を選択する

1 キャンバス画面で取得したい色の箇所を長押しします。

第5章 ● カラーの活用

画面左側の■をタップすることでもスポイトを呼び出せます。

2 スポイトが呼び出され、リングが表示されます。上部分には選択しようとしている色が、下部分には現在選択しているカラーが表示されます。

スポイトの呼び出し中は指を離さずに動かすことで、スポイトの位置を移動できます。

3 指を離すと、長押しした箇所の色が選択された状態になります。

MEMO ▶ スポイトのジェスチャを変更する

スポイトの呼び出し方法は変更できます。長押しでは誤作動してしまうといったときは、任意のジェスチャに変更しましょう。ジェスチャの変更についてはSec.08を参照してください。

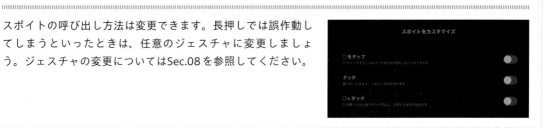

Section 37 ディスクで色を指定する

ディスクは Procreate のカラーパネルでもっともシンプルな構成です。色相リングで基本色を選び、彩度ディスクで彩度と明るさを調整します。

ディスクのインターフェース

色相リング
タップすることで基本色を選択できます。

彩度ディスク
基本色の彩度や明るさを調整します。

MEMO ▶「前のカラー」を選択する

■を長押しすると、1つ前に使用した色が選択された状態になり、履歴（Sec.33 参照）を表示する手間が省けます。もう一度長押しすると、もとの色が選択された状態に戻ります。

ディスクで色を選択する

1 カラーパネルを表示し、[ディスク]をタップ
します。

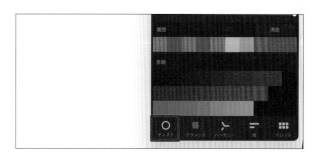

2 色相リングの任意の位置をタップして基本色
を選びます。

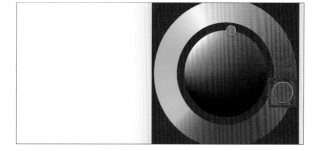

> 色相リング、彩度ディスク内の円は現在選択
> している箇所を表しています。

3 彩度ディスクの任意の位置をタップして彩度
や明るさを調整します。

MEMO ▶ ディスクで色を微調整する

彩度ディスクをピンチアウトすると彩度ディスクが大きく表示され、
彩度と明るさを微調整できるようになります。この状態で彩度ディス
クを2回タップすると、ディスクの外側、中間、中央にスナップされ
ます。純粋な白や黒、明るさ50％の色などを選択したいときは2回
タップしてみましょう。彩度ディスクをもとの大きさに戻したい場合
は、彩度ディスクをピンチインします。

Section 38 クラシックで色を指定する

クラシックでは、大きなカラーピッカーで彩度と色相を調整できます。色相、彩度、明るさのスライダーもあるため、色の微調整も可能です。

クラシックのインターフェース

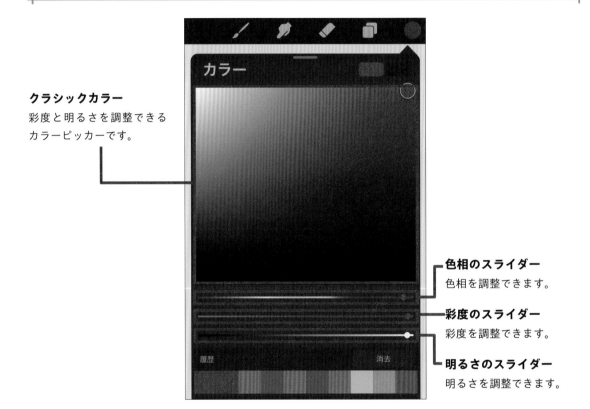

クラシックカラー
彩度と明るさを調整できるカラーピッカーです。

色相のスライダー
色相を調整できます。

彩度のスライダー
彩度を調整できます。

明るさのスライダー
明るさを調整できます。

MEMO ▶ 「履歴」を消去する

カラーパネルを表示し、履歴の右側にある［消去］をタップするとすべての履歴が消去されます。確認画面などは表示されないため、誤操作に気を付けましょう。なお、iPadのモデルによっては「履歴」は表示されません。

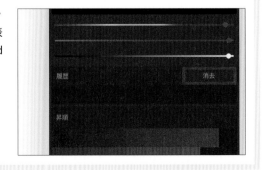

クラシックで色を選択する

1 カラーパネルを表示し、[クラシック]をタップします。色相のスライダーを左右にドラッグします。

2 基本色が調整されます。クラシックカラー内のポインターをドラッグします。

3 彩度と明るさを調整できます。彩度と明るさのスライダーをドラッグすることで微調整も可能です。

MEMO ▶ カラーパネルをキャンバス画面に固定する

カラーパネルを表示し、上部の ▭ を任意の場所までドラッグすると、カラーパネルが切り離され、自由に移動できるようになります。指を離すとカラーパネルがキャンバス画面に固定され、カラーパネルを開くことなく、色の調整ができるようになります。カラーパネルの大きさも小さくコンパクトになります。もとの位置に戻したい場合はカラーパネル右上の ▣ をタップします。

Section 39 ハーモニーで色を指定する

ハーモニーとは、選択した色から補色や類似色といった組み合わせを表示してくれるカラーパネルです。色選びに困ったときはハーモニーを見てみましょう。

ハーモニーのインターフェース

モード
ハーモニーのモードを5種類から選択できます。

色相／彩度ディスク
色相と彩度を調整できるカラーピッカーです。ディスクの外側が彩度100％で、中心に向かうほど彩度が下がります。

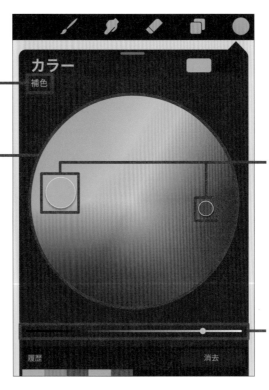

ポインター
大きな円は選択中の色を、小さな円はモードにもとづいた組み合わせの色を表しています。

明るさのスライダー
明るさを調整できます。

MEMO ▶ 組み合わせから色を選択する

色相／彩度ディスク上の大きな円は選択中の色を表すポインターです。組み合わせの色を選択したいときは小さな円をタップしましょう。ポインターをドラッグすると組み合わせのポインターも移動します。

モードを変更する

1 カラーパネルを表示して、[ハーモニー] →
モード名（ここでは [補色]）の順にタップし
ます。

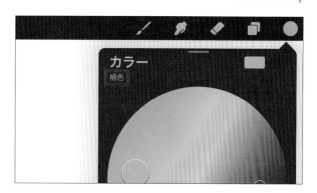

> モードは、初期設定では「補色」が選択され
> ています。

2 [補色][補色を分割][類似色][トライアング
ル][二重補色] のいずれかをタップすると、
モードを変更できます。

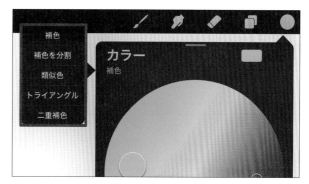

各モードの特徴

補色

補色とは、色相環で反対の位置にある色の組み合わせのことです。アクセントカラーなどに活用されます。カ
ラーパネルには、選択中の色と同じ彩度の補色が表示されます。

補色を分割

色相／彩度ディスク上で二等辺三角形の頂点にあたる3つの色の組み合わせが表示されます。補色よりバランス
がよく、目に優しい組み合わせになります。

類似色

色相／彩度ディスク上で隣接する3つの色の組み合わせが表示されます。ハイライトやアクセントに活用されま
す。

トライアングル

色相／彩度ディスク上で正三角形の頂点にあたる3つの色の組み合わせが表示されます。強い印象を与える色の
組み合わせです。

二重補色

色相／彩度ディスク上で正方形の頂点にあたる4つの色の組み合わせが表示されます。トライアングルと同様に
強い印象を与えるため慎重に使いましょう。

Section
40 値で色を指定する

値の特徴は数値による色の指定ができる点です。数値を使うことで環境や使用モデルが異なっていても同じ色を正確に選択できます。

値のインターフェース

色相／彩度／明るさのスライダー

色相（H）、彩度（S）、明るさ（B）を調整できます。数値による指定も可能です。

赤／緑／青のスライダー

赤（R）、緑（G）、青（B）を調整できます。数値による指定も可能です。

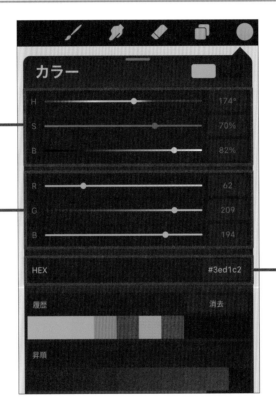

シアン／マゼンタ／イエロー／ブラックのスライダー

カラープロファイル（Sec.42参照）をCMYKにしている場合に表示されます。シアン（C）、マゼンタ（M）、イエロー（Y）、ブラック（K）を調整できます。数値による指定も可能です。

HEX／16進コード

色の16進コードがわかっている場合は入力することで正確な色を選択できます。

MEMO ▶ 「基準」を使って写真や画像を色見本にする

写真や画像から色をスポイトで選択することもできます。キャンバス画面で 🖌 →［キャンバス］→［基準］の順にタップすると基準コンパニオンウィンドウが表示されます。［イメージ］→［イメージを読み込む］の順にタップし、任意の写真や画像を選択すると基準コンパニオンウィンドウに表示されます。スポイト（Sec.36参照）で色をサンプリングできるため、色見本としても活躍します。

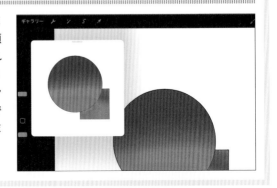

値で色を指定する

1 カラーパネルを表示して、[値]をタップします。任意のスライダーを左右にドラッグします。

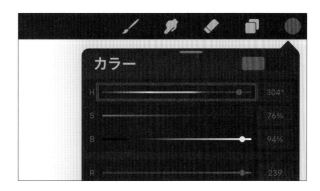

2 色が調整されます。スライダーの右側の数値をタップします。

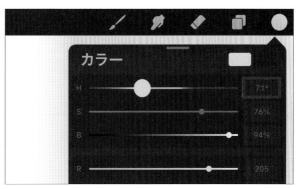

> Apple Pencilを使用している場合は、Apple Pencilで数値を書き込むことでも入力できます。数値の上から新しい数値を書き込むと、自動でもとの数値が削除されます。

3 数値を入力できるようになります。任意の数値を入力すると色が調整されます。

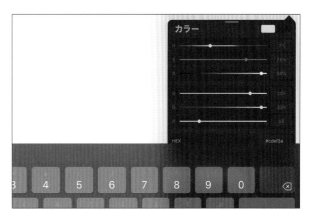

> 色相（H）、彩度（S）、明るさ（B）をすべて「0」にすると黒になり、赤（R）、緑（G）、青（B）をすべて「255」にすると白になります。

4 「HEX」の右側の数値をタップすると、16進コードを入力できます。

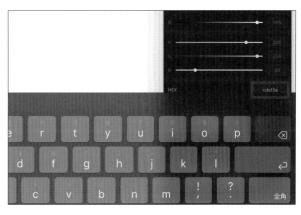

> 16進コードはほかのユーザーや環境に正確な色を伝えるのに最適な手段です。特定の色を伝えたいときは16進コードを送りましょう。

Section
41

パレットで色を指定する

絵の具のパレットのように任意の色をスウォッチという正方形の枠に保存できるカラーパネルが
パレットです。自分だけのパレットを作ってみましょう。

パレットのインターフェース

コンパクト／カード
パレットの表示形式をコン
パクトとカードから選択で
きます。

スウォッチ
色を保存できる正方形の枠
のことです。任意の色を保
存できます。ドラッグする
ことで位置の変更も可能で
す。

パレット
スウォッチに任意の色を固
定でき、タップするだけで
その色を選択できます。

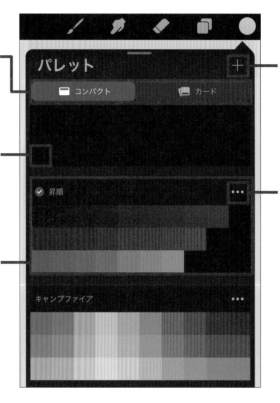

新規パレットの作成
タップすると新規パレット
を作成できます。カメラや
ファイル、写真からも作成
可能です。

**パレットの共有／複製／
削除**
タップし、［共有］［複製］
［削除］をタップするとそ
れぞれを実行します。

MEMO ▶ SwatchDrop を活用する

ColorDrop（Sec.34参照）のように、スウォッチに
指定した色を任意の位置までドラッグすることで
塗りつぶすことができます。塗りつぶしたあと、
スワイプによるしきい値の調整も可能です。

新規パレットを作成する

1 カラーパネルを表示して、[パレット]→➕の順にタップします。

> パレット名の左側に☑が付いているパレットがすべてのカラーパネルで表示されるパレットです。

2 [新規パレットを作成]をタップします。

> パレットが共有された場合は、[ファイルから新規]→[○○.swatches]の順にタップすると、パレットを読み込むことができます。

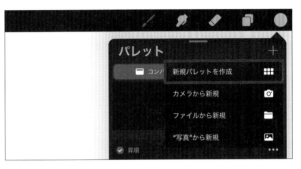

3 新規パレットが作成されます。任意の位置のスウォッチをタップします。

> [名称未設定]をタップすると、パレットの名称を編集できます。

4 選択中の色がスウォッチに保存されます。

> スウォッチを長押しし[スウォッチを削除]をタップすると、保存した色を削除できます。

MEMO ▶ カメラで映した景色をパレットにする

手順**2**の画面で[カメラから新規]をタップすると、カメラに映した景色から30色のスウォッチが自動的に抽出され、景色の色合いにもとづいたパレットが作成されます。

Section
42

カラープロファイルを利用する

カラープロファイルとは、ほかの機材や環境で画像を表示した際に発生する色の違いを抑えるためのシステムです。アートワークの目的に応じてRGBやCMYKなどから選択しましょう。

カラープロファイルを確認する

1 キャンバス画面で🔧をタップします。

2 [キャンバス] → [キャンバスの情報] の順にタップします。

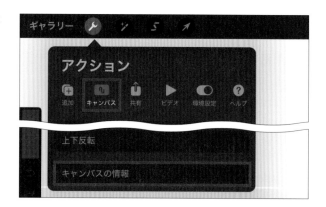

3 [カラープロファイル] をタップするとカラープロファイルが確認できます。

4 RGBを設定している場合はRGB内で、CMYKを設定している場合はCMYK内で変更が可能です。

> カラープロファイルは新規キャンバス作成時に設定できます。キャンバス作成後はRGBとCMYK間での変更ができないため注意しましょう。新規キャンバスの作成については Sec.10 を参照してください。

第6章

選択と変形で整える

描画内容の一部の大きさや形に違和感を覚えたときなどは、「選択」と「変形」を組み合わせて使うことで調整できます。選択、変形する方法にはそれぞれいくつかのモードが用意されているため、詳細な操作が可能です。

Section

43

選択と変形でできること

キャンバスに描画した内容は任意の箇所を選択したり、自由に変形したりすることができます。
選択と変形はセットで使われることが多いため、どちらの操作も確認しましょう。

選択でできること

キャンバスに描画している内容から任意の範囲を選択できるツールが「選択」です。たとえば、キャラクターイラストを描いた際に全体のバランスを見て頭の大きさが気になったとします。そういったときは気になった箇所を指やApple Pencilなどで囲むように選択して、変形で大きさを調整しましょう。選択方法には指やApple Pencilで囲むほかにも、自動で囲む、長方形や楕円形で囲むなどの方法があります。これらの選択方法を組み合わせることで詳細な選択範囲を作成できます。

変形でできること

変形では、描画した内容の移動や変形を行えます。選択と組み合わせて利用すれば、任意の描画内容を好きな位置に移動したり、好きな大きさ、形に変形したりできます。変形モードも4種類あるため、アスペクト比（画像の長辺と短辺の比率）を維持するかどうか、キャンバス画面の大きさに合わせるかどうかなど、詳細な設定をしながら変形できます。

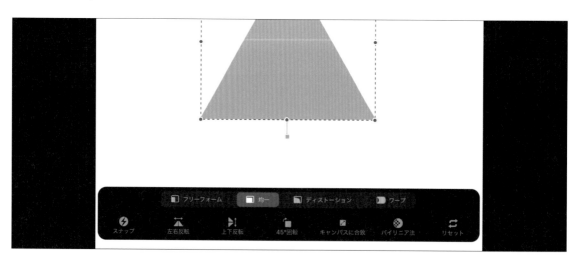

MEMO ▶ 選択や変形でも「もとに戻す」「やりなおす」を使える

範囲の選択中や選択範囲の編集中、範囲の変形中でも、キャンバス画面を2本の指でタップすると1つ前の作業に戻せます。もとに戻した作業は3本の指でタップすることでやりなおすこともできます。ジェスチャについてはSec.08を参照してください。

Section
44

選択の基本操作

選択ツールバーのインターフェースを紹介します。選択方法は4種類ありますが、併用することも可能です。任意の形で選択範囲を作成できます。

選択ツールバーを表示する

1 キャンバス画面で <kbd>S</kbd> をタップすると、選択ツールバーが表示されます。

選択ツールバーのインターフェース

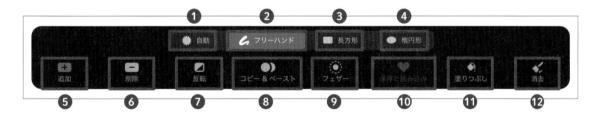

❶	タップすることで自動で範囲が選択されるモードです。
❷	描画することで範囲を選択できるモードです。
❸	任意の大きさの長方形で範囲を選択できるモードです。
❹	任意の大きさの楕円形で範囲を選択できるモードです。
❺	選択範囲を自由に追加します。
❻	選択中の範囲から任意の箇所を選択解除します。
❼	選択範囲を逆転させます。
❽	選択範囲を新しいレイヤーとして複製します。
❾	選択範囲の輪郭をぼかします。
❿	選択範囲の内容を保存し、いつでも読み込めます。
⓫	選択範囲を任意の色で塗りつぶします。
⓬	選択範囲を消去します。

Section 45 選択モードを変更する

選択方法には「自動」「フリーハンド」「長方形」「楕円形」の4種のモードがあります。併用することも可能なため、任意の形で選択範囲を作成できます。

選択モードを変更する

1 選択ツールバー（Sec.44参照）を表示し、任意の選択モード（ここでは［フリーハンド］）をタップします。

2 選択モードが切り替わります。画面をなぞります。

3 選択範囲が動く点線で表示されます。選択範囲を追加したい場合はさらに画面をなぞります。

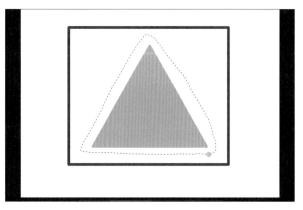

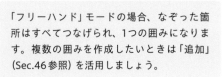
「フリーハンド」モードの場合、なぞった箇所はすべてつなげられ、1つの囲みになります。複数の囲みを作成したいときは「追加」（Sec.46参照）を活用しましょう。

4 ほかの選択モードやツールを選択すると、画面に斜線が表示されます。斜線がない部分が選択範囲を、斜線部分が選択してない範囲を表しています。

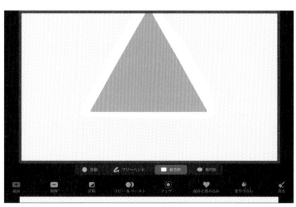

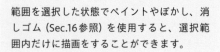
範囲を選択した状態でペイントやぼかし、消しゴム（Sec.16参照）を使用すると、選択範囲内だけに描画をすることができます。

選択モードの種類

自動

画面をタップすると描画内容によって自動的に選択範囲が作成されます。画面を左右にスワイプするとしきい値（P.093MEMO参照）を調整できます。

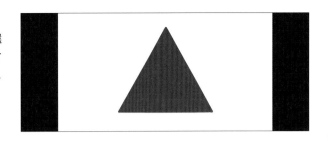

フリーハンド

指やApple Pencilで任意の箇所をなぞることで選択範囲を指定できます。　をタップすると、選択範囲のすき間を閉じることができます。

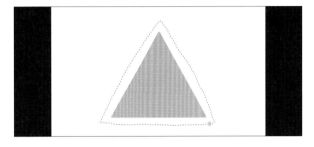

長方形

任意の位置をタップし、指を離さずにドラッグすると長方形の選択範囲が表示されます。任意の大きさで指を離すと長方形の選択範囲ができます。

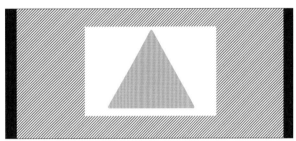

楕円形

任意の位置をタップし、指を離さずにドラッグすると楕円形の選択範囲が表示されます。任意の大きさで指を離すと楕円形の選択範囲ができます。正円の選択範囲を作成したい場合は、選択範囲の作成中に別の指で画面を長押しすると、正円になります。

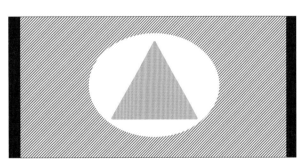

MEMO ▶ 複数の選択モードを併用する

選択モードは併用して使うことができます。範囲を選択したあとに違うモードをタップすると、選択範囲を保持したままモードを切り替えることができます。

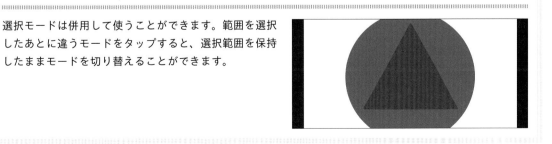

Section 46 選択範囲を編集する

選択モードで範囲を選択できたら、次に選択範囲を編集をしましょう。より詳細に選択範囲を作成することができます。複雑な範囲を選択したいときに活用します。

選択範囲を編集する

1 任意の範囲を選択した状態で、選択ツールバーから編集ツール（ここでは［追加］）をタップします。

2 選択範囲を追加できる状態になります。もう一度、任意の範囲を選択します。

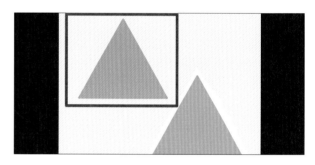

3 選択範囲が追加されました。くり返すことで複数の範囲を選択できます。

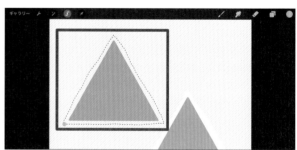

MEMO ▶ 直前に使った選択範囲を読み込む

直前に使用した選択範囲を読み込むことができます。[S]を長押しすると、画面上部に「マスク再度読み込まれました」と表示され、キャンバス画面上に直前に使用した選択範囲が表示されます。

編集ツールの種類

追加

フリーハンド、長方形、楕円形のモードを使用しているときに［追加］をタップすると、既存の選択範囲とは別の箇所に選択範囲を追加できます。

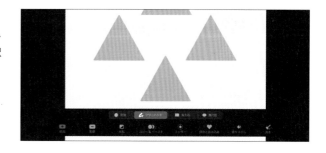

削除

既存の選択範囲から任意の箇所を削除できます。大きく範囲選択したあとに、［削除］をタップして、細かい箇所をフリーハンドモードなどで削除するという方法で使用されます。

反転

選択範囲を反転させます。もう一度［反転］をタップするともとの状態に戻ります。

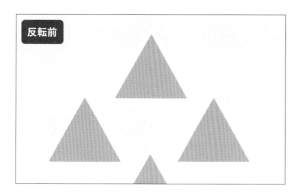

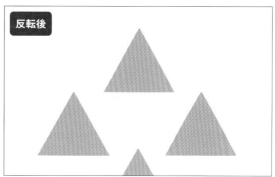

コピー＆ペースト

選択した範囲を新しいレイヤーとして複製します。レイヤーには「選択部分から」という名称が付けられます。任意の範囲をコピー＆ペーストしたいときに活用しましょう。レイヤーの名称は自由に変更できます（Sec.27参照）。

MEMO ▶ グループも選択できる

選択はレイヤーだけでなくグループにも適用できます。複数のレイヤーをまとめて選択したいというときは、それらのレイヤーをグループ化（Sec.26参照）して、作成されたグループを選択した状態で選択モードを使いましょう。線画レイヤーと色を塗ったレイヤーをまとめて調整したいときなどに便利です。

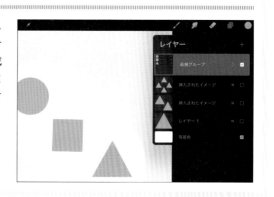

フェザー

選択範囲の輪郭をぼかすことができます。[フェザー]をタップして「フェザー」画面の「強度」から、ぼかしの強さを調整します。

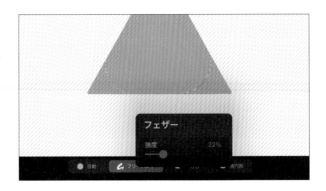

保存と読み込む

範囲を選択した状態で、[保存と読み込み]→➕の順にタップすると、選択範囲を保存できます。保存した選択範囲は「選択内容1」「選択内容2」といったように名前が付けられます。任意の選択内容をタップすることで、保存した選択範囲を利用できます。なお、選択内容は、左方向にスワイプして[削除]をタップすると削除できます。

塗りつぶし

範囲を選択した状態で、[塗りつぶし]をタップすると、選択中の色で選択範囲内を塗りつぶせます。フリーハンドモードの場合は、💧をタップして選択範囲のすき間を閉じると塗りつぶされます。

消去

[消去]をタップすると選択範囲をすべて解除できます。誤って[消去]をタップしてしまった場合は、キャンバス画面を2本の指でタップすることでもとに戻せます。

MEMO ▶ 選択を解除する

🅢をタップすると、選択が解除され、もとのキャンバス画面に戻ります。範囲選択中に行った編集はすべて保存されます。

Section

47 変形の基本操作

変形では描画内容の大きさを変えたり、角度を調整したりできます。選択範囲（Sec.44 参照）を指定していない場合は、レイヤー上のすべての描画内容が変形の対象になります。

変形ツールバーを表示する

1 キャンバス画面で ↗ をタップすると、変形ツールバーが表示されます。

変形ツールバーのインターフェース

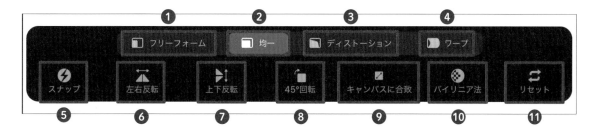

❶	任意の方向に伸ばしたり縮めたりできるモードです（P.117 参照）。
❷	描画内容のアスペクト比を保持したまま変形できるモードです（P.117 参照）。
❸	遠近感をもたせるように変形できるモードです（P.117 参照）。
❹	メッシュを操作することで任意の形に変形できるモードです（P.117 参照）。
❺	オンにするとガイドラインなどに合わせた変形ができます（P.119 参照）。
❻	左右を反転させます（P.119 参照）。
❼	上下を反転させます（P.119 参照）。
❽	描画内容を 45 度ずつ回転します（P.120 参照）。
❾	キャンバスのサイズに合わせて大きさが変形されます（P.120 参照）。
❿	変形の際のピクセルの調整方法を選択できます（P.120 参照）。
⓫	変形を行う前の状態に戻ります（P.120 参照）。

第
6
章
●
選
択
と
変
形
で
整
え
る

Section
48

変形モードを変更する

変形モードは「フリーフォーム」「均一」「ディストーション」「ワープ」の4種類です。それぞれ違う効果が得られるため、使い分けられるようになると表現の幅が広がります。

変形モードを変更する

1 変形ツールバー（Sec.47参照）を表示し、任意の変形モード（ここでは[均一]）をタップします。

変形ツールパネルを表示した際に画面に現れる点線の囲みは「バウンディングボックス」と呼ばれ、変形範囲を表します。

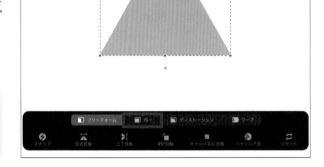

2 変形モードが切り替わります。•• をドラッグします。

•• は「変形ノード」と呼ばれます。

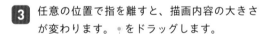

3 任意の位置で指を離すと、描画内容の大きさが変わります。• をドラッグします。

• は「回転ノード」と呼ばれます。

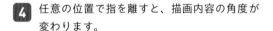

4 任意の位置で指を離すと、描画内容の角度が変わります。

■ は「調整ノード」と呼ばれ、バウンディングボックスの囲み方の調整を行えます。

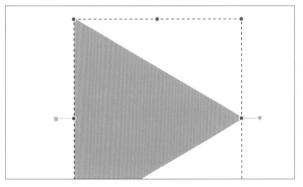

変形モードの種類

フリーフォーム

描画内容のアスペクト比（画像の長辺と短辺の比率）を保持せずに変形します。縦や横に伸ばしたいというときに使用します。

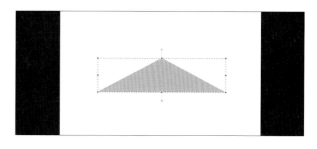

均一

描画内容のアスペクト比を保持したまま大きさを変えることができます。

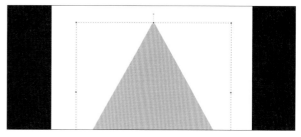

ディストーション

変形ノードを自由な位置に移動できるため、描画内容に遠近感や奥行きを表せます。フリーフォームとの違いは、角度を付けた変形ができる点です。

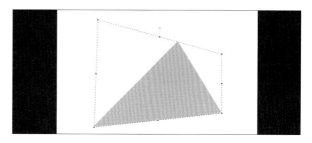

ワープ

ワープにするとバウンディングボックス内に「メッシュ」と呼ばれる網目が追加されます。メッシュをドラッグすると描画内容をゆがませることができます。描画内容の微調整に活用されます。

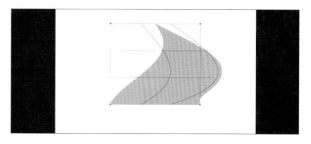

MEMO ▶ 描画内容を移動させる

変形では描画内容の移動も可能です。バウンディングボックス内を長押しし指を離さずにドラッグすると、任意の位置まで移動できます。バウンディングボックス外をタップすることでも、少しずつ移動させること（ナッジ）ができます。

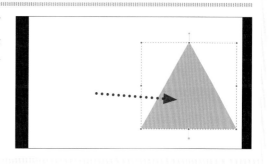

Section
49

変形の種類

アスペクト比を変更せずに正確に反転や回転をしたいときは「上下反転」や「45°回転」を使うと
かんたんに変形できます。数値の入力による変形も可能です。

変形する

1 ◢をタップして変形ツールバーを表示し、編集ツール（ここでは［左右反転］）をタップします。

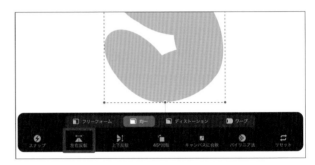

2 描画内容が左右反転されます。

選択（Sec.44参照）で範囲を選択していると、選択範囲内のみが反転します。範囲を選択していない場合は、レイヤーが反転します。

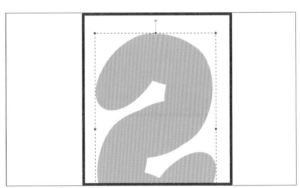

MEMO ▶ 数値を入力して変形する

バウンディングボックスを表示した状態で、（変形ノード）や（回転ノード）をタップすると、入力画面が表示されます。任意の数値を入力すると、大きさや角度が変わります。なお、大きさの入力画面で🔗が青く表示されている場合は、大きさのアスペクト比が固定されているため、一方を変更するともう一方も自動で入力されます。縦と横の大きさを自由に決めたい場合は、🔗をタップして無効にしましょう。

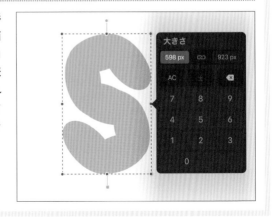

変形の種類

スナップ

スナップを有効にすると、移動や大きさを変更する際にガイドラインが表示されるようになります。ほかの描画内容と高さを揃えたい、キャンバスの中心に移動したいといったときに活用されます。

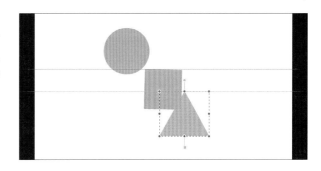

上下反転／左右反転

描画内容を上下、左右にそれぞれ反転できます。変形ノードをドラッグすることでも反転できますが、[上下反転][左右反転]をタップするほうが正確です。

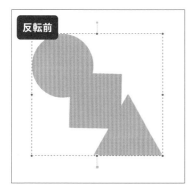

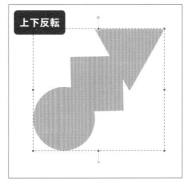

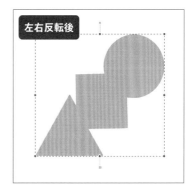

MEMO ▶ スナップの設定

変形ツールバーを表示し、[スナップ]をタップすると「設定」画面が表示されます。「マグネット」の ◻ をタップして有効にすると、描画内容を参考にしたガイドラインが青い線で表示されるようになり、線に合わせるように引き付けられます。「スナップ」の ◻ をタップして有効にすると、キャンバスを参考にしたガイドラインが黄色い線で表示されるようになります。「距離」では、描画内容がガイドラインにスナップするまでの距離の調整が可能です。数字が小さいほど、微調整できるようになります。「速度」は、ガイドラインの表示速度です。「なし」に設定すると、ガイドラインが表示されなくなります。

45°回転

描画内容を時計回りに45°ずつ回転させます。回転ノードをタップすると数値の入力による回転も可能です（P.118MEMO参照）。

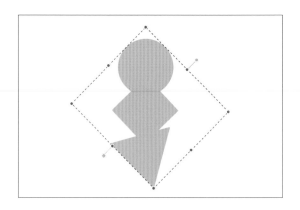

キャンバスに合致

描画内容の大きさをキャンバスサイズに合うように変更します。「マグネット」（P.119MEMO参照）を無効にしている場合は、描画内容はキャンバスからはみ出ない範囲でできる限り大きく変形されます。「マグネット」を有効にしている場合は、キャンバスを覆うように大きく変形されるため、描画内容の一部がキャンバスからはみ出ることがあります。なお、いずれの場合もアスペクト比が変わることはありません。

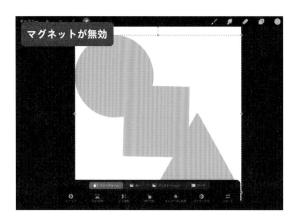
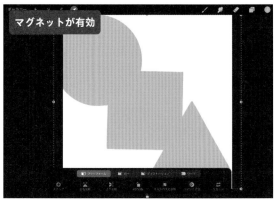

補間（ニアレストネイバー法／バイリニア法／バイキュービック法）

描画内容を変形する際、ピクセルの調整方法をニアレストネイバー法、バイリニア法、バイキュービック法から選択できます。ニアレストネイバー法はもとの描画内容のまま変形をするため、画質が粗くなりやすいですがファイルサイズは軽くなります。バイリニア法は変形後に色の補間があるため、ニアレストネイバー法よりきれいになります。バイキュービック法はバイリニア法を強化したもので、変形後もきれいに表示されますがファイルサイズは大きくなります。変形後の正確さ、輪郭線の滑らかさなどがそれぞれ異なるため、実際に試してみて、好みのものを選択しましょう。なお、変形ツールバーには、選択中の補間方法の名称が表示されます。

リセット

行った変形をすべて削除し、変形する前の状態に戻します。誤って［リセット］をタップしてしまった場合は、キャンバス画面を2本の指でタップすることでもとに戻せます。

第7章

調整で加工する

イラストが完成したら、調整を使って色味の変更やぼかし加工、トーン加工などをしてみましょう。描画内容の完成度が何段階もアップするチャンスです。読み込み（Sec.13参照）を併用すると、写真の加工としても使えます。

Section

50 色を調整する

キャンバス全体にさまざまな方法で色調整を施すことができます。写真の加工やイラストが完成したときの最終調整などに活用されます。

調整を利用する

1 キャンバス画面で ◢ をタップすると、調整メニューが表示されます。

調整メニューのインターフェース

❶	色相、彩度、明るさを調整できます（P.123 参照）。
❷	カラーバランス（色調）を調整できます（P.124 参照）。
❸	カーブグラフを使って色を調整できます（P.124 参照）。
❹	グラデーションパレットをイラストに割り当てることで色を調整できます（P.125 参照）。
❺	カメラのピンぼけのようなぼかしを加えます（P.126 参照）。
❻	一方向のぶれを加え、スピード感を演出します（P.127 参照）。
❼	放射状のぶれを加え、ズーム効果を演出します（P.128 参照）。
❽	全体にざらざらした質感を加えます（P.129 参照）。
❾	境界が強調され、くっきりした印象になります（P.130 参照）。
❿	輝いている印象になります（P.131 参照）。
⓫	粗いビデオ映像のようなレトロな印象になります（P.132 参照）。
⓬	全体を小さな点のパターンで表します（P.133 参照）。
⓭	全体に色ずれの加工をします（P.134 参照）。
⓮	任意の位置をゆがませます（P.135 参照）。
⓯	任意の箇所を複製します（P.136 参照）。

色相、彩度、明るさ

1 キャンバス画面で→［色相、彩度、明るさ］の順にタップします。

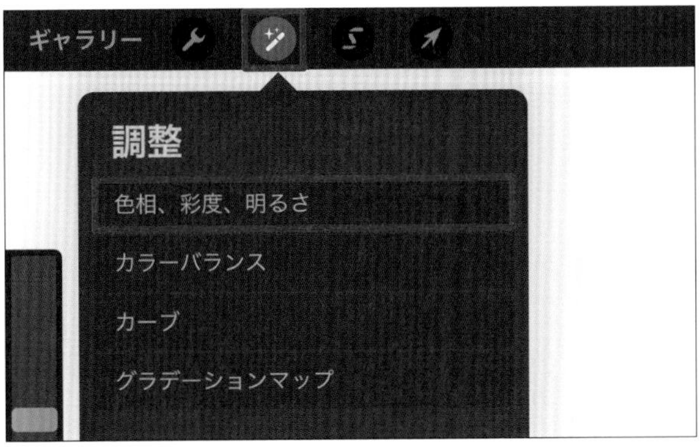

イラストや写真の色相、彩度、明るさを変更したいときに活用されます。

2 画面下部に「色相」「彩度」「明るさ」のスライダーが表示されます。任意のスライダー（ここでは［色相］）をドラッグします。

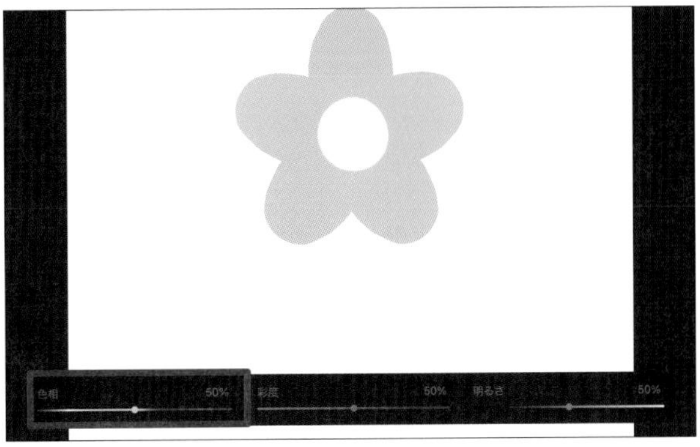

3 色相が調整されます。

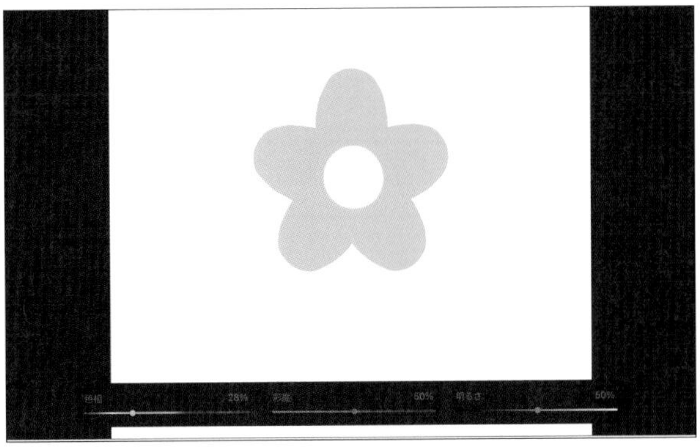

色が調整されるのは選択しているレイヤーのみです。描画内容全体を調整したい場合は、レイヤーを結合（Sec.27参照）して1枚にしましょう。

MEMO ▶ 色相、彩度、明るさとは

色相とはキャンバス全体の色調のことを指します。色相のスライダーでは、すべての色を選択することが可能です。彩度とは色の鮮やかさを指します。数値が低いほどグレーに、数値が高いほど鮮やかになります。明るさでは描画内容の明度を調整できます。数値が低いほど暗く、数値が高いほど明るくなります。

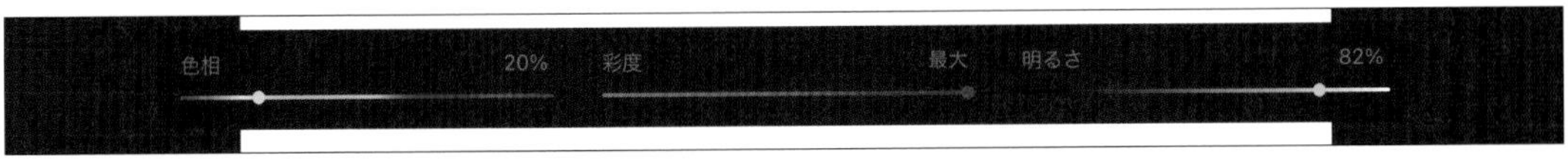

カラーバランス

1 キャンバス画面で ✎ → ［カラーバランス］の
順にタップします。

2 画面下部にRGBのスライダーが表示されま
す。任意のスライダー（ここでは［マゼン
ターグリーン］）をドラッグします。

3 「マゼンターグリーン」が調整されます。

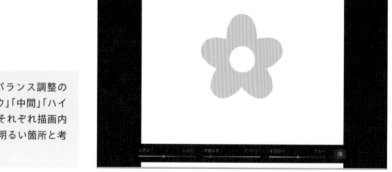

> ▨ をタップすると、カラーバランス調整の
> 影響を受ける箇所を「シャドウ」「中間」「ハイ
> ライト」から選択できます。それぞれ描画内
> 容の暗い箇所、中間の箇所、明るい箇所と考
> えてください。

カーブ

1 キャンバス画面で ✎ → ［カーブ］の順にタッ
プします。

2 画面下部にグラフが表示されます。任意の位
置をドラッグすることで色調を調整できま
す。

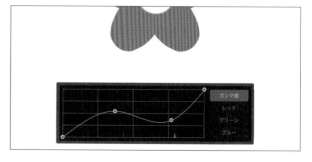

> 初期設定では「ガンマ値」が選択されていま
> すが、［レッド］［グリーン］［ブルー］をタッ
> プして選択すると、それぞれの色を個別に調
> 整できます。

グラデーションマップ

1 キャンバス画面で ✎ →［グラデーションマップ］の順にタップします。

2 画面下部にグラデーションライブラリが表示されます。任意のグラデーションパレット（ここでは［モカ］）をタップします。

> グラデーションライブラリには8つのグラデーションパレットが用意されています。

3 手順2で選択したパレットのグラデーションマップが表示されます。色を調整したい場合は、マップの任意の位置をドラッグします。［完了］をタップすると、グラデーションライブラリ画面に戻ります。

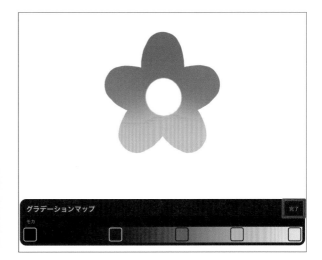

> 手順2の画面で ＋ をタップするとグラデーションマップを作成することができます。最初はグレーのグラデーションマップが表示されるため、■ をタップして、任意の色を設定しましょう。

MEMO ▶ 「調整アクション」で調整を確定する

調整が終わったら、変更を確定しましょう。キャンバス画面をタップすると「調整アクション」が表示され、［適用］をタップすると調整した内容が確定します。なお、［プレビュー］は調整前と調整後の比較、［取り消す］は直前の操作の取り消し、［リセット］はすべての調整の取り消しを行えます。［キャンセル］をタップするとすべての調整を取り消して調整を終了します。

Section 51 ぼかす

Procreate ではぼかしの方法が3種類用意されています。遠くにあるものや背景、目立たせたくないものなどをぼかしたいとき、描画内容に動きを付けたいときなどに使用します。

ぼかし（ガウス）

1 キャンバス画面で ✦ →［ぼかし（ガウス）］の順にタップします。

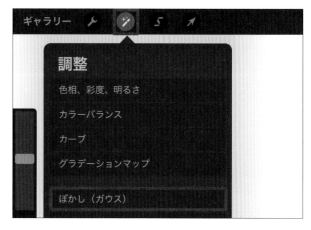

2 画面の任意の位置をタップし、右方向にドラッグします。

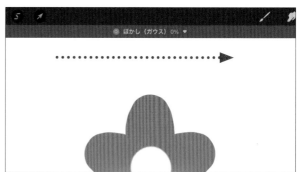

3 描画内容がぼかされます。右方向にドラッグするほど、強いぼかしになります。

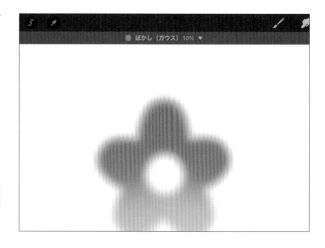

> 画面上部に表示されている「○%」の数値と青いバーは調整の量を表しています。

◆ 電子書籍・雑誌を読んでみよう!

| 技術評論社　GDP | 検索 |

 と検索するか、以下のQRコード・URLへ、パソコン・スマホから検索してください。

https://gihyo.jp/dp

1 アカウントを登録後、ログインします。
【外部サービス(Google、Facebook、Yahoo!JAPAN)でもログイン可能】

2 ラインナップは入門書から専門書、趣味書まで 3,500点以上!

3 購入したい書籍を 🛒カート に入れます。

4 お支払いは「**PayPal**」にて決済します。

5 さあ、電子書籍の読書スタートです!

も電子版で読める!

電子版定期購読が
お得に楽しめる!

くわしくは、
「**Gihyo Digital Publishing**」
のトップページをご覧ください。

🎁 電子書籍をプレゼントしよう!

Gihyo Digital Publishing でお買い求めいただける特定の商品と引き替えが可能な、ギフトコードをご購入いただけるようになりました。おすすめの電子書籍や電子雑誌を贈ってみませんか?

こんなシーンで…
- ●ご入学のお祝いに　●新社会人への贈り物に
- ●イベントやコンテストのプレゼントに　………

◎ギフトコードとは? Gihyo Digital Publishing で販売している商品と引き替えできるクーポンコードです。コードと商品は一対一で結びつけられています。

くわしいご利用方法は、「Gihyo Digital Publishing」をご覧ください。

〜のインストールが必要となります。

〜を行うことができます。法人・学校での一括購入においても、利用者1人につき1アカウントが必要となり、

〜の譲渡、共有はすべて著作権法および規約違反です。

電脳会議

紙面版

新規送付の
お申し込みは…

電脳会議事務局　　　検索

検索するか、以下の QR コード・URL へ、
パソコン・スマホから検索してください。

https://gihyo.jp/site/inquiry/dennou

一切
無料！

「電脳会議」紙面版の送付は送料含め費用は
一切無料です。
登録時の個人情報の取扱については、株式
会社技術評論社のプライバシーポリシーに準
じます。

技術評論社のプライバシーポリシー
はこちらを検索。

https://gihyo.jp/site/policy/

技術評論社　　電脳会議事務局
〒162-0846　東京都新宿区市谷左内町21-13

モーションブラー

1 キャンバス画面で ✨ →［モーションブラー］
の順にタップします。

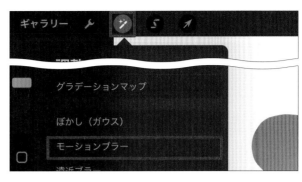

2 画面の任意の位置をタップし、モーションを
付けたい方向にドラッグします。

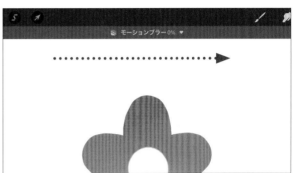

3 描画内容にモーションブラーがかけられま
す。ドラッグする距離が長いほど、強いモー
ションブラーになります。

> ぼかし（ガウス）はイラストの背景や一部分
> をぼかしたいときに、モーションブラーは一
> 定の方向に動きをつけたいときに活用されま
> す。

MEMO ▶ 調整したい箇所を Apple Pencil で指定する

初期設定では調整は選択したレイヤーに適用されます
が、Apple Pencil で指定した箇所に絞って適用すること
も可能です。調整している画面で上部の ▼ →［Pencil］
の順にタップし、調整を適用したい箇所をなぞりましょ
う。なお、この操作は Apple Pencil 以外ではできませ
ん。

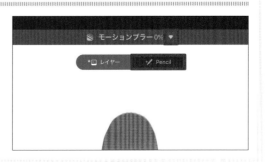

遠近ブラー

1 キャンバス画面で ✨ → ［遠近ブラー］の順に
タップします。

> 遠近ブラーは、差し迫ってくる演出などに活
> 用されます。

2 画面中央に ● が表示されます。● を任意の位
置までドラッグして移動し、遠近ブラーの中
心を決めます。

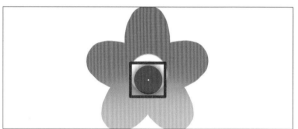

3 画面の任意の位置をタップし、右方向にド
ラッグします。

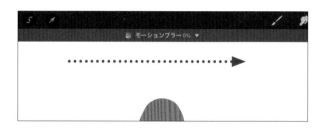

4 描画内容に遠近ブラーがかけられます。右方
向にドラッグするほど、強い遠近ブラーにな
ります。

MEMO ▶ 「位置的」と「方向的」

遠近ブラーには「位置的」と「方向的」の2つのモードを
選択できます。初期設定で選択されている「位置的」は、
● から全方向に向かって放射状にブラーが適用されま
す。「方向的」は ● の片側のみ放射状のブラーが適用さ
れます。

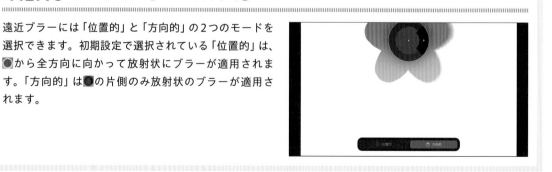

Section

52 加工する

調整では色変更やぼかしのほかにも、描画内容にざらざらした質感を加えたり輝かせたりすることができます。描画内容の情報量をアップさせることが可能です。

ノイズ

1 キャンバス画面で ✎ → ［ノイズ］の順にタップします。

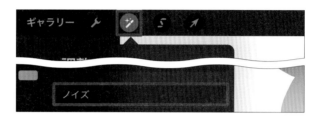

2 画面の任意の位置をタップし、右方向にドラッグします。

3 描画内容にざらざらした質感が加わります。右方向にドラッグするほど、ノイズが強くなります。

「比率」、「オクターブ」、「乱気流」はそれぞれ、ノイズのサイズ、乱雑さ、ゆがみの程度を調整できます。

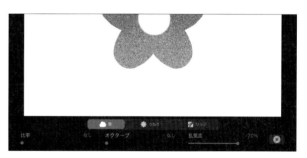

MEMO ▶ 「雲」「うねり」「リッジ」とは

ノイズの見え方を調整するためのノイズスタイルボタンが画面下部に用意されています。「雲」はもっとも粗いノイズです。「うねり」は雲にうねりが加えられた、雲より細かいノイズです。「リッジ」はもっとも細かいノイズです。

シャープ

1 キャンバス画面で □ → [シャープ] の順に
タップします。

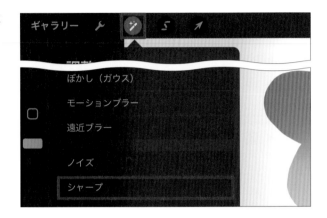

2 画面の任意の位置をタップし、右方向にド
ラッグします。

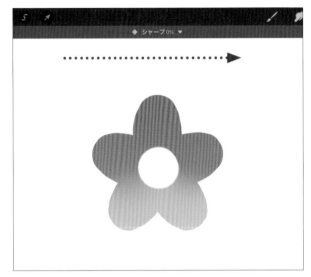

3 描画内容の境界が強調され、くっきりした印
象になります。右方向にドラッグするほど、
シャープが強くなります。

ブルーム

1 キャンバス画面で ✎ → [ブルーム] の順に
タップします。

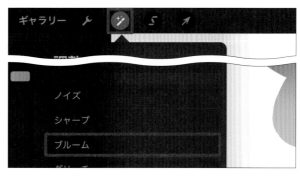

2 画面の任意の位置をタップし、右方向にド
ラッグします。

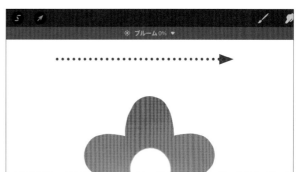

3 描画内容の明るい箇所が輝いているように加
工されます。右方向にドラッグするほど、ブ
ルームが強くなります。

ハイライトなど、光らせたい箇所があるとき
などに活用されます。

MEMO ▶ 「トランジション」「サイズ」「バーン」とは

ブルームの輝き方や強度は「トランジション」「サイズ」
「バーン」で調整できます。「トランジション」はブルー
ムが適用される範囲を調整します。数値を大きくするほ
ど、中間の色や濃い色へのブルームが減ります。「サイ
ズ」はブルームのサイズとぼかし具合を、「バーン」はブ
ルームの強度をそれぞれ調整します。

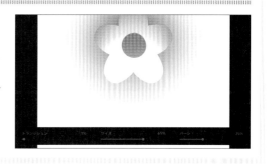

グリッチ

1 キャンバス画面で  → ［グリッチ］の順にタップします。

2 画面の任意の位置をタップし、右方向にドラッグします。

3 粗いビデオ映像のようなレトロな印象になります。右方向にドラッグするほど、グリッチが強くなります。

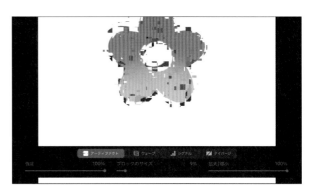

> 「強度」、「ブロックのサイズ」、「拡大／縮小」はそれぞれ、ブロックの量、ブロックのサイズ、ブロックと横の線のサイズを調整できます。

MEMO ▶ グリッチ効果を4種から選択する

グリッチ効果には「アーティファクト」「ウェーブ」「シグナル」「ダイバージ」の4種が用意されています。「アーティファクト」は横方向の線とブロックによる効果、「ウェーブ」は波のような効果、「シグナル」は横方向の線とブロック、ずれによる効果、「ダイバージ」は横方向と色収差（P.134参照）による効果を加えます。

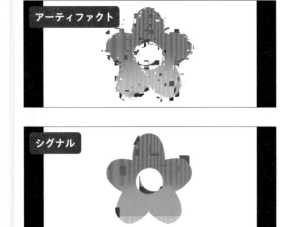

ハーフトーン

1 キャンバス画面で　→［ハーフトーン］の順にタップします。

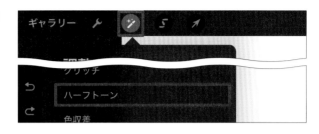

2 画面の任意の位置をタップし、右方向にドラッグします。

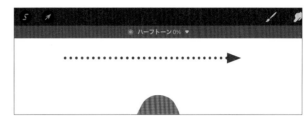

3 印刷効果が加えられます。右方向にドラッグするほど、ドットのサイズが大きくなります。

MEMO ▶ 「フルカラー」「スクリーンプリント」「新聞」とは

ハーフトーンの表現方法は、「フルカラー」「スクリーンプリント」「新聞」から選択できます。「フルカラー」はカラーのハーフトーンで表現され、雑誌のような雰囲気になります。「スクリーンプリント」は背景が白くなり、ドットだけで表現されます。「新聞」はグレーのハーフトーンで表現され、新聞のような雰囲気になります。

色収差

1 キャンバス画面で ✎ →［色収差］の順にタップします。

2 画面中央に ◉ が表示されます。◉ を任意の位置までドラッグして移動し、中心を決めます。

3 画面の任意の位置をタップし、右方向にドラッグします。

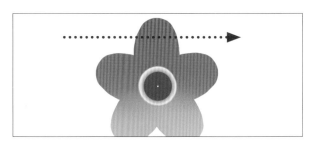

4 色ずれの加工がされます。右方向にドラッグするほど、色収差の効果が強くなります。

「トランジション」、「フォールオフ」はそれぞれ、色収差のぼかしの量、色収差を適用する距離を調整できます。

MEMO ▶ 「遠近感」「置き換える」とは

色収差には「遠近感」「置き換える」の2つのモードがあります。「遠近感」は中心を設定し、そこから放射状に色収差効果を加えます。「置き換える」は任意の方向に色収差効果を加えます。方向は画面をドラッグする方向で決められます。

ゆがみ

1 キャンバス画面で ✎ →［ゆがみ］の順にタップします。

2 画面下部の「サイズ」や「筆圧」を調整し、キャンバス画面の任意の位置をなぞります。

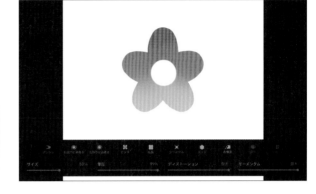

「ディストーション」はゆがみのなかにうずまき状などの無秩序な効果を与えます。「モーメンタム」はなぞった箇所からゆがみが水の波紋のように広がります。

3 なぞった箇所がゆがみます。

画面下部の［調整］をタップして強度のスライダーをドラッグするとゆがみの強度を調整できます。［リセット］をタップすると調整を取り消します。

MEMO ▶ ゆがみのモード

ゆがみには8つのモードがあります。それぞれの効果は以下の通りです。

プッシュ	なぞった方向にゆがみます。
右回りに渦巻き／左回りに渦巻き	右回り／左回りにうずまき状にゆがみます。
ピンチ	中心に吸い込むようにゆがみます。
拡張	中心から外側に向かって膨らむようにゆがみます。
クリスタル	破片が散らばったようにゆがみます。
エッジ	線に沿って吸い込むようにゆがみます。
再構築	なぞった箇所のゆがみがもとに戻ります。

クローン

1 キャンバス画面で ✐ → [クローン] の順にタップします。

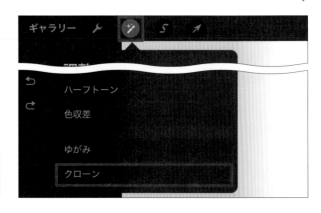

> 花びらや蝶といったイラスト内の小物を増やしたいときに活用されます。

2 画面中央に◯が表示されます。◯を任意の位置までドラッグして移動し、クローンのもとにしたい箇所を決めます。

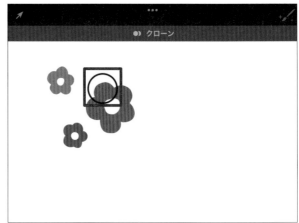

3 クローンを描画したい箇所をなぞります。手順**2**で選択した箇所の描画内容が描画されます。

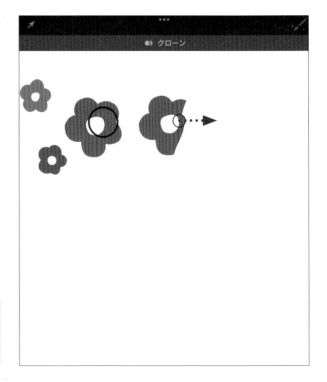

> ◯は指の動きによって移動します。また、ブラシの種類やサイズはペイント（Sec.16参照）で選択中のブラシが適用されます。

第8章
描画ガイドで効率化する

描画ガイドとは、キャンバス画面に方眼や集中線などのガイド線を表示させる機能です。「アシストされた描画」を有効にすると、ガイドの線に沿った描画もできるため、定規としても役立ちます。作業を効率化させるために欠かせない存在です。

Section
53

QuickShape で図形を描く

Procreate には、描画した際に画面から指や Apple Pencil を離さないままでいると、描画内容が
直線や円、多角形などに変換される「QuickShape」という機能があります。

QuickShape とは

QuickShape とは、描画した際にキャンバス画面から指や Apple Pencil を離さずに動かさないでいると、描画内容が直線や長方形、円、多角形などに変換される機能です。アイコンなどをタップする必要がなく、直感的に操作できることから Procreate でも人気の機能です。作成された QuickShape は回転や拡大、変形といった編集も可能です。

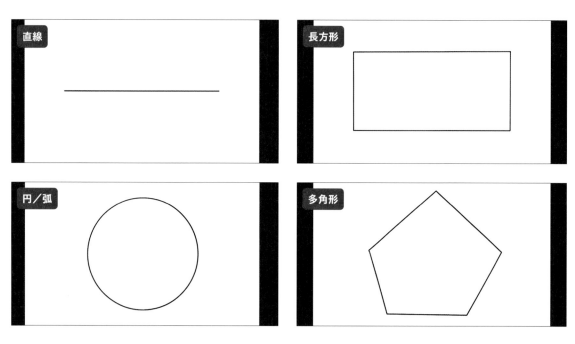

MEMO ▶ QuickShape の設定を変更する

ゆっくり描画していると描画した内容が QuickShape に変換されてしまうことがあります。そういった誤作動がよく起きる場合は、ジェスチャコントロール（Sec.08参照）から「遅延」の秒数を長めに設定しましょう。キャンバス画面で 🔧 →［環境設定］→［ジェスチャコントロール］→［QuickShape］の順にタップすると、「遅延」の秒数を調整できます。

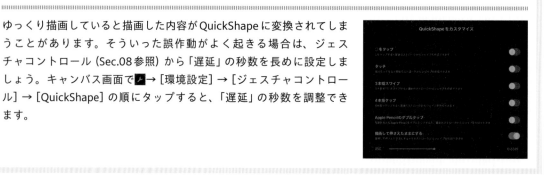

QuickShape で図形を描く

1 キャンバス画面でペイント（Sec.16参照）を選択し、描画します。

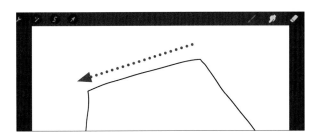

2 キャンバス画面から指（Apple Pencil）を離さずとどめます。

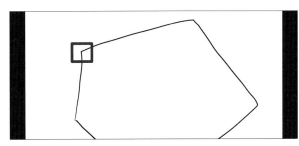

3 QuickShape が起動し、描画内容が直線に変換されます。

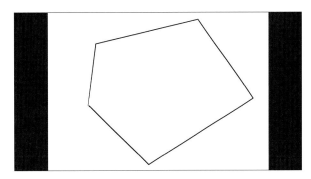

4 QuickShape が起動したあとでも指（Apple Pencil）を離さないまま任意の方向にドラッグをすると、QuickShape の角度や大きさの調整ができます。

直線の角度を変更している間、別の指で画面を長押しすると、角度を15°ずつ変更できるようになります。

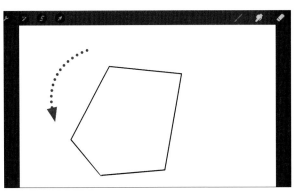

MEMO ▶ QuickShape を取り消す

想定していた QuickShape が作成できなかった、QuickShape を起動するつもりはなかったなどといった場合は、もとに戻すことで QuickShape に変換される前の描画に戻せます。もとに戻すには、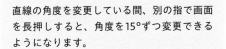をタップするか、画面を2本の指でタップします。

QuickShape を編集する

1 P.139 を参考に QuickShape を作成し、画面上部の▽をタップします。

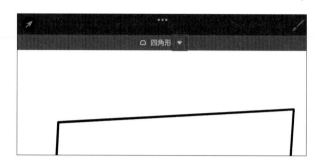

> QuickShape の形状は、手順4の上部にある「長方形」などから任意の形をタップすることであとから変更できます。

2 画面上部に「編集中」と表示され、QuickShape を編集できるようになります。任意の形（ここでは [ポリライン]）をタップします。

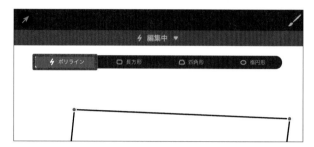

3 形が変更されます。●・をドラッグします。

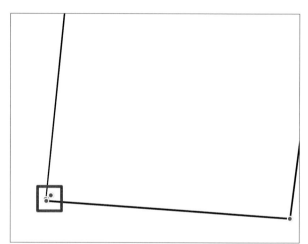

> ●・は「変形ノード」と呼ばれます。

4 任意の形に変更できます。

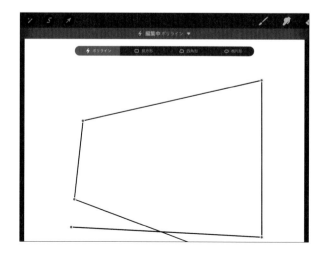

正円や正方形、正三角形を作成する

1 P.139を参考に長方形や円など（ここでは円）のQuickShapeを作成し、キャンバス画面から指（Apple Pencil）を離さずにとどめます。

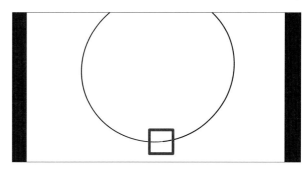

2 別の指で画面を長押しします。

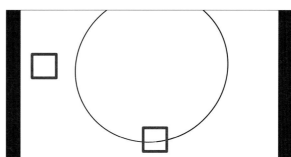

3 手順**1**で作成したQuickShapeが正円になります。

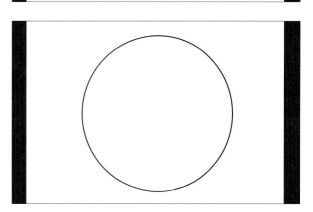

> 長方形を描画していた場合は正方形に、三角形を描画していた場合は正三角形になります。なお、必ず正方形、正三角形になるということではありません。描画の段階である程度正しい角度や長さである必要があります。

MEMO ▶ QuickShape を無効にする

キャンバス画面で✐→［環境設定］→［ジェスチャコントロール］→［QuickShape］の順にタップすると、QuickShapeの設定画面が表示されます。初期設定では「描画して押さえたままにする」が有効になっていますが、◖◗をタップするとQuickShapeを無効にできます。

描画して押さえたままにする
描画して押さえたままにするとそのストロークからシェイプを作成できます

遅延   ━━━━●━━━━   0.65秒

Section 54

描画ガイドを表示する

キャンバス画面に方眼や集中線といったガイドを表示させることができます。「アシストされた描画」を有効にすることでガイドに沿った描画も可能です。

描画ガイドを表示する

1 キャンバス画面で🔧→［キャンバス］→「描画ガイド」の◐の順にタップします。

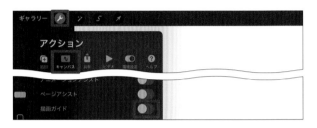

2 キャンバス画面に描画ガイドが表示されます。［描画ガイドを編集］をタップします。

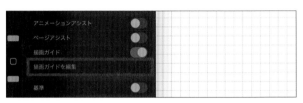

3 描画ガイドの編集画面が表示されます。画面右上の［完了］をタップすると編集を保存し、終了します。

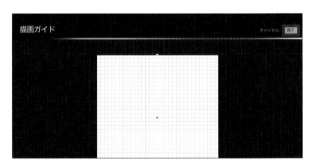

MEMO ▶ 「アシストされた描画」を有効にする

手順**3**の画面で「アシストされた描画」の◐をタップし有効にすると、設定した描画ガイドに沿って描画できるようになります。たとえば、「2Dグリッド」（Sec.55参照）を使用しているときに「アシストされた描画」を有効にすると、任意の位置に垂直な線、または平行な線が描けるようになります。

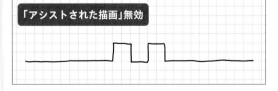

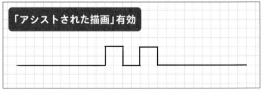

描画ガイドのインターフェース

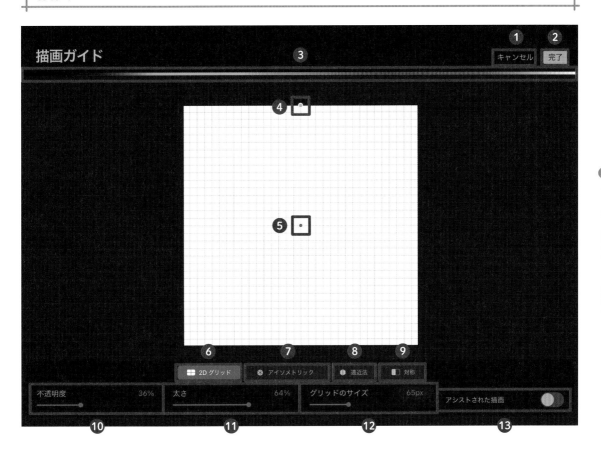

❶	行った編集をすべて削除し、キャンバス画面に戻ります。
❷	行った編集を保存し、キャンバス画面に戻ります。
❸	任意の位置をタップすると描画ガイドの線の色が変更されます。
❹	ドラッグすると描画ガイドの角度が変更されます。
❺	ドラッグすると描画ガイドの中心の位置が変更されます。
❻	方眼のような描画ガイドを表示します（P.144 参照）。
❼	垂直と斜めの線で構成される描画ガイドを表示します（P.145 参照）。
❽	1 つから 3 つの消失点をもった描画ガイドを表示します（P.146 参照）。
❾	左右や上下、放射状などに対称の描画ができる描画ガイドを表示します（P.148 参照）。
❿	描画ガイドの不透明度を変更します。
⓫	描画ガイドの太さを変更します。
⓬	描画ガイドのサイズを変更します。
⓭	有効にすると描画ガイドに沿って描画できるようになります。

55 2D グリッドを編集する

2D グリッドはキャンバス画面に方眼を表示する描画ガイドです。垂直、平行な線の描画にも役立つため、漫画を描く際のコマ割りといった場面でも活用されます。

2D グリッドを編集する

1 Sec.54 を参考に描画ガイドの編集画面を表示し、[2D グリッド] をタップします。

2 「不透明度」「太さ」「グリッドのサイズ」のスライダーをドラッグすることでそれぞれを調整できます。

3 キャンバス画面中央の ● をドラッグすると描画ガイドの中央の位置を、◐ をドラッグすると描画ガイドの角度を調整できます。

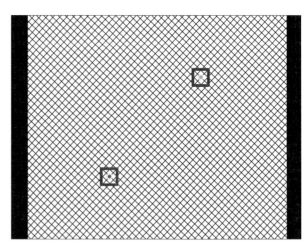

> 初期設定では、描画ガイドはキャンバス画面の中央に配置されます。

4 画面上部の任意の色をタップすると、描画ガイドの線の色を変更できます。

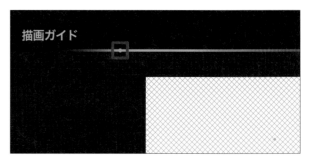

Section 56 アイソメトリックガイドを編集する

アイソメトリックとは垂直の線と斜めの線で構成される描画ガイドです。奥行きや高さの表現がしやすいため、インテリアの俯瞰図を制作するときなどに活用されます。

アイソメトリックを編集する

1 Sec.54を参考に描画ガイドの編集画面を表示し、［アイソメトリック］をタップします。

2 「不透明度」「太さ」「グリッドのサイズ」のスライダーをドラッグすることでそれぞれを調整できます。

3 キャンバス画面中央の●をドラッグすると描画ガイドの中央の位置を、◨をドラッグすると描画ガイドの角度を調整できます。

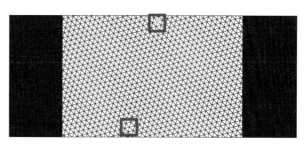

4 画面上部の任意の色をタップすると、描画ガイドの線の色を変更できます。

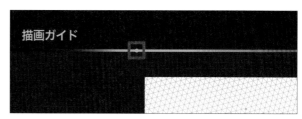

MEMO ▶ ●、◨について

●は「位置ノード」、◨は「回転ノード」と呼ばれます。ノードをタップし、［リセット］をタップすると、もとの位置に戻ります。

Section

57 遠近法ガイドを編集する

遠近法ガイドでは、好きな位置に消失点を追加することができます。消失点は3つまで追加できるため、一点透視法から三点透視法まで作成することが可能です。

遠近法ガイドを編集する

1 Sec.54を参考に描画ガイドの編集画面を表示し、[遠近法]をタップします。

2 キャンバス画面の任意の位置をタップします。

3 画面に消失点が表示されます。 •● をドラッグすることで消失点を移動できます。

キャンバス画面のほかの位置をタップすると、消失点を追加できます。消失点は3つまで追加可能です。

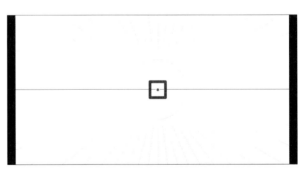

MEMO ▶ 消失点を削除する

消失点を削除したい場合は、削除したい消失点→［削除］の順にタップします。なお、［選択］をタップするとその消失点を選択した状態になります。

4 「不透明度」「太さ」のスライダーをドラッグ
することでそれぞれを調整できます。

5 画面上部の任意の色をタップすると、描画ガ
イドの線の色を変更できます。

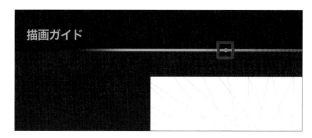

遠近法ガイドの使用中に「アシストされた描
画」を有効にした場合でも、垂直な線、水平
な線を描くことができます。

MEMO ▶ キャンバスの外側に消失点を配置する

消失点はキャンバスの外側にも配置できます。
消失点を追加するときにキャンバスの外側を
タップするか、追加した消失点をキャンバスの
外側までドラッグしましょう。

MEMO ▶ 一点透視法、二点透視法、三点透視法とは

透視法とは、消失点を配置し消失点に集まる線を基準に描画する図法のことで、奥行きや遠近感を表現でき
ます。消失点の数によって、一点透視法、二点透視法、三点透視法となります。消失点が増えるにつれ、奥
行きのほかに斜めや俯瞰、あおりといった表現が加えられます。

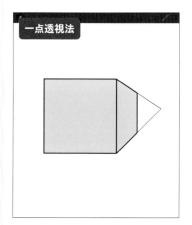

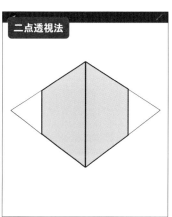

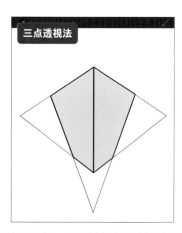

Section 58 対称ガイドを編集する

対称ガイドを使用すると、上下や左右に対称な描画ができるようになります。模様を描くときなどに活用されます。描画ガイドは任意の位置への移動、角度の変更が可能です。

対称ガイドを編集する

1 Sec.54を参考に描画ガイドの編集画面を表示し、[対称] をタップします。

2 「不透明度」「太さ」のスライダーをドラッグすることでそれぞれを調整できます。

3 キャンバス画面中央の ● をドラッグすると描画ガイドの位置を、◙をドラッグすると描画ガイドの角度を調整できます。

> 初期設定では、縦方向の描画ガイドが表示されます。

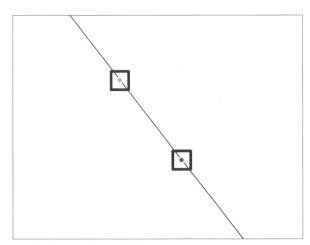

4 画面上部の任意の色をタップすると、描画ガイドの線の色を変更できます。

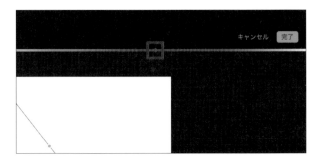

オプションを変更する

1 Sec.54を参考に描画ガイドの編集画面を表示し、[対称]→[オプション]の順にタップします。

2 使用したい描画ガイド（ここでは[四分円]）をタップします。

青く表示されている箇所が現在選択中の描画ガイドです。

3 描画ガイドが四分円に変更されます。

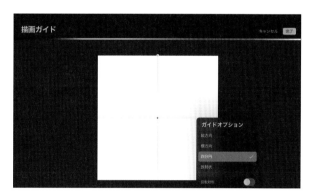

対称ガイドでは初期設定で「アシストされた描画」が有効になっています。無効にしたい場合は、[オプション]→〇の順にタップします。

MEMO ▶ 「回転対称」を有効にする

手順2の画面で「回転対称」の〇をタップして有効にすると、回転対称モードになります。たとえば、「放射状」を選択している状態で、「回転対称」を無効にしている場合は、一部の描画が向かい合わせのようになりますが、「回転対称」を有効にすると、すべての描画が一定の方向を向く形になります。用途によって使い分けましょう。

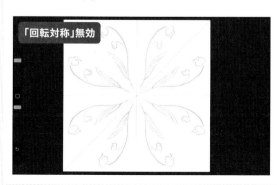

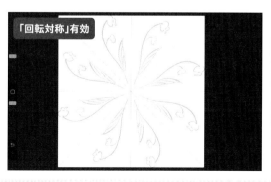

対称ガイドでできること

縦方向／横方向

縦方向、横方向の対称ガイドを使用すると、それぞれ左右対称、上下対称に描画できます。描画ガイドは移動や角度の調整ができるため、斜めに描画することも可能です。

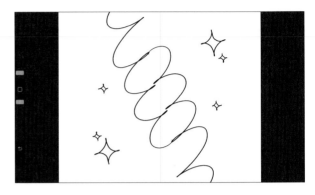

四分円

垂直と平行の線でキャンバスを4分割したような形の対称ガイドです。4分割したエリアのうち、1つに描画をすると、ほかのエリアにも描画が反映されます。

放射状

垂直、平行、斜めの線でキャンバスを8分割したような形の対称ガイドです。8分割したエリアのうち、1つに描画をすると、ほかのエリアにも描画が反映されます。幾何学模様などを描画する際に活用されます。

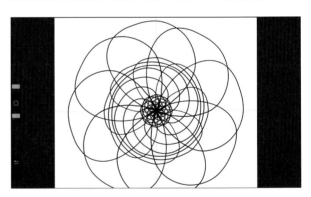

MEMO ▶ 「アシストされた描画」をレイヤーオプションから切り替える

レイヤーパネル (Sec.22参照) を表示し、任意のレイヤー→[描画アシスト] の順にタップすることでも、「アシストされた描画」の有効／無効を切り替えることができます。レイヤーオプションについてはSec.27を参照してください。

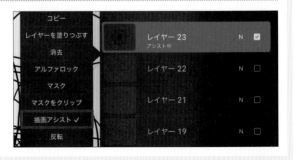

第9章
3Dペイントの活用

3Dモデルに絵付けをするように描画できる機能が3Dペイントです。ほかのソフトウェアなどで作成したモデルも読み込むことができます。3Dペイントを終えたら、照明スタジオ機能で3Dモデルをライトアップさせることも可能です。

Section
59

3Dペイントでできること

3Dペイントとは3Dモデルに絵付けをするように描画できる機能です。描画した3Dモデルは、照明スタジオ機能でライトアップしましょう。

3Dペイントとは

3Dペイントとは3Dモデルへの描画ができる機能です。Procreateには数点の3Dモデルをまとめたモデルパックというものが用意されているため、サンプルの3Dモデルを使って気軽に3Dペイントを始められます。また、3Dモデルの読み込みもできるため、ほかのソフトなどで作成した3Dモデルを読み込み、描画するということも可能です。「照明スタジオ」画面では任意の位置に光源を置いたり照明設定を調整したりできます。自分で作り、描画した3Dモデルを、好きな環境で撮影しましょう。なお、使用しているiPadのモデルと互換性のある3Dモデルがない場合はモデルパックなどのメニューが表示されません。

MEMO ▶ モデルパックを読み込む

モデルパックはいつでもダウンロードすることができます。キャンバス画面で🔧をタップし、［ヘルプ］→［3Dモデルパックをダウンロード］の順にタップすると、モデルパックのダウンロードが開始されます。ギャラリー画面に戻ると3Dモデルがダウンロードされていることを確認できます。

3Dペイントでできること

3Dペイント

キャンバスに絵を描くように、3Dモデルに描画できる機能が3Dペイントです。ペイントやぼかし、消しゴムなどももちろん使用できます。3Dモデルを回転することもできるため、絵付けをする感覚で描画可能です。

3Dモデルの読み込み

「.USDZ」形式と「.OBJ」形式のデータを読み込むことが可能です。ほかのソフトウェアなどで作成した3DモデルがあればProcreateに読み込んでみましょう。

照明スタジオ

照明スタジオでは、光源や照明設定の調整をすることで3Dモデルをいちばん引き立てる環境を作ることができます。

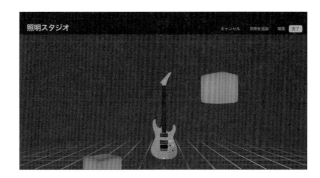

3Dモデル／3Dペイントの共有

3Dモデル、3Dペイントはさまざまな方法で共有できます。ほかのソフトウェアなどで使用する場合は3Dモデルのまま、SNSなどで完成品を紹介したい場合はイメージやアニメーションで、といったように用途に合わせて選択しましょう。

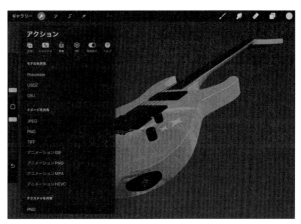

3Dペイントの操作方法

3Dペイントを始めましょう。このセクションでは3Dペイントのインターフェースを紹介します。3Dモデルがない場合はP.152MEMOを参考にモデルパックをダウンロードしましょう。

3Dペイントのインターフェース

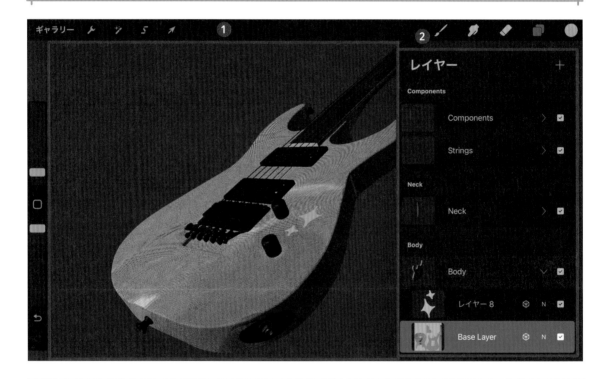

❶	3Dモデルです。回転や移動をしながら、ペイントやぼかし、消しゴムで直接描き込むことで描画できます。
❷	レイヤーパネルではパーツごとにテクスチャセットが分けられ、色の変更や粗さ、メタリックの調整ができます。レイヤーの追加やブレンドモード（Sec.28参照）の適用も可能です。詳細はSec.61を参照してください。

MEMO ▶ 3Dペイントでの背景

3Dペイントでは3Dモデルがキャンバスとなるため、背景に描画することはできません。しかし、照明スタジオで光源の位置や照明設定などの調整をすることは可能です。照明スタジオについてはSec.62を参照してください。

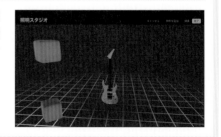

3Dペイントを始める

1 ギャラリー画面で任意の3Dモデルをタップします。

2 キャンバス画面が表示されます。通常の描画と同じように、ペイントやぼかし、消しゴムを使って描画できます。

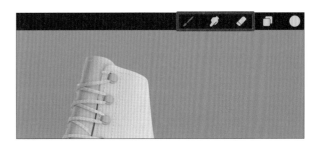

3 1本の指で画面をドラッグすると、3Dモデルが回転します。

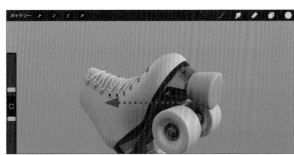

4 2本の指で画面をドラッグすると、3Dモデルが移動します。

3Dペイントでの移動は厳密な水平移動ではありません。回転も活用しながら移動しましょう。

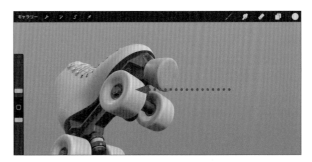

5 画面をピンチイン／ピンチアウトすると、3Dモデルの表示サイズが変更されます。

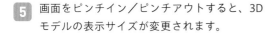

ペイント、ぼかし、消しゴムは通常のキャンバス画面への描画と同様に使用できます。

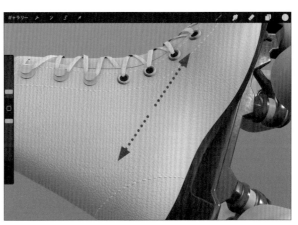

Section **61** 第9章 ● 3Dペイントの活用

レイヤーを使って 3Dモデルにペイントする

3Dモデルはパーツごとにレイヤーが分けられています。描画したい箇所のレイヤーを選択してから描き込みましょう。新規レイヤーの追加も可能です。

レイヤーパネルのインターフェース

テクスチャセット
3Dモデルのメッシュとレイヤーがまとめられています。

メッシュ
立体を構成するデータです。

ベースレイヤー
3Dモデルの初期設定の色や粗さ、メタリックに関する情報が含まれています。描画することも可能です。

新規レイヤーの作成
選択中のレイヤーの上に新規レイヤーを追加します。

素材アイコン
カラー、粗さ、メタリックの3素材の表示／非表示を切り替えられます。

カラー／粗さ／メタリック
レイヤー内の色や光沢、マットの加減についての情報が含まれています。

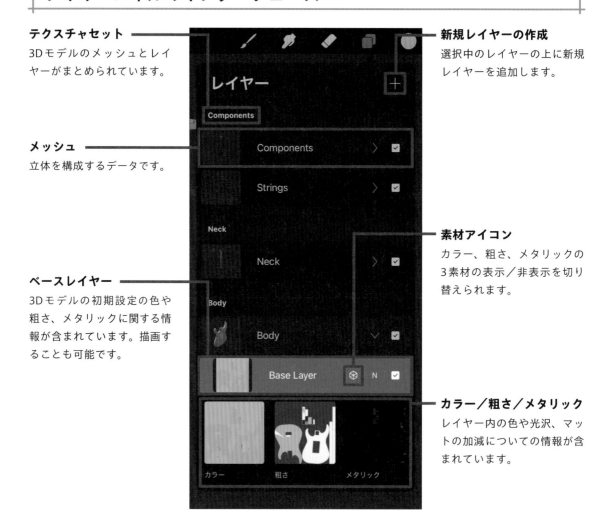

MEMO ▶ メッシュとベースレイヤー

ベースレイヤーはメッシュにマスクされているため、ブラシサイズを大きくして描画した場合でもはみ出さずに塗り込むことができます。しかし、ベースレイヤーに直接描画すると、3Dモデルの初期設定であるカラーやテクスチャに影響するため注意が必要です。

3D モデルにペイントする

1 キャンバス画面でペイント（Sec.16参照）を選択した状態で、■をタップします。

2 描画したい箇所のテクスチャセットをタップします。

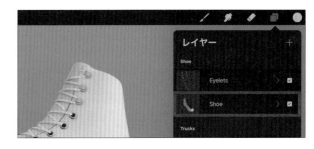

3 ベースレイヤーが表示されます。■をタップします。

4 レイヤーが追加されます。キャンバス画面をタップし、ペイントをします。

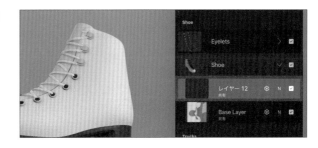

MEMO ▶ 3D ペイントでの「基準」機能

3Dペイントで「基準」（P.102MEMO参照）を表示した場合は、2D、3D、イメージの3種類の表示で3Dモデルを確認できます。2Dでは選択中のテクスチャセットの描画内容がフラット化した状態で確認できます。3Dでは3Dモデルの全容を確認でき、回転や移動も可能です。イメージでは写真やファイルを読み込むことができます。参考資料があるときなどに利用します。

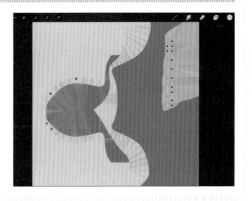

Section
62 照明スタジオで 3D モデルを仕上げる

描画をしたら照明スタジオで3Dモデルの環境を整えましょう。照明の色が変わるだけでも3Dモデルの印象が大きく変化します。自分好みの環境を作り上げましょう。

照明スタジオを表示する

1 キャンバス画面で ✎ → [3D] → [照明と環境を編集] の順にタップします。

2 「照明スタジオ」画面が表示されます。

3 画面をドラッグすると視点の移動、ピンチイン／ピンチアウトをすると距離の調整ができます。照明をドラッグすると照明の移動ができます。

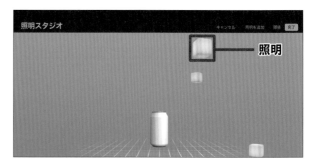

MEMO ▶ 照明を追加／削除する

手順2の画面で［照明を追加］をタップすると照明が追加されます。照明は最大で4個まで追加できます。追加した照明はドラッグして任意の位置まで移動させましょう。照明を削除したい場合は、削除したい照明→［削除］の順にタップします。

照明スタジオの環境を設定する

1 「照明スタジオ」画面で［環境］をタップします。

2 「環境を表示」の ◯ をタップして、有効にします。

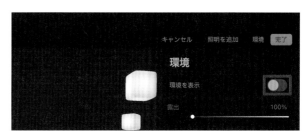

3 背景が表示されます。「露出」のスライダーをドラッグすると照明スタジオの光の量を調整できます。

4 環境には11種類のプリセットが用意されています。任意の環境をタップして選択します。

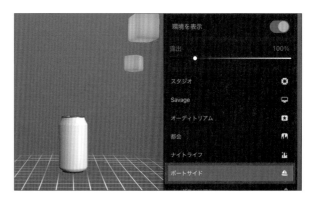

5 キャンバス画面で照明をタップすると「照明設定」パネルが表示されます。照明の色相や彩度、強度を調整できます。

　［複製］をタップすると、同じ内容の照明が複製されます。

Section 63 3D モデル／ 3D ペイントを共有する

3Dペイントを終えたら形式を選んで共有しましょう。3Dモデルのまま、イメージ、アニメーションなど、さまざまな形で書き出すことができます。

3D モデル／ 3D ペイントを共有する

1 キャンバス画面で📏→ [共有] の順にタップします。

2 ファイル形式が一覧表示されます。任意のファイル形式 (ここでは [アニメーションGIF]) をタップします。

3 アニメーションの設定画面が表示されます。[最大解像度] または [ウェブ対応] のどちらかをタップして選択します。

「最大解像度」はファイルサイズが大きくなりますが高画質で書き出せます。「ウェブ対応」は画質は低いですがファイルサイズが小さいです。

4 アニメーションの長さや距離、イージング (はずみの具合) などを設定して、[書き出す] をタップします。

5 共有方法をタップして選択します。iPadに保存したい場合は［画像を保存］をタップします。

3Dモデルに使用できるファイル形式

Procreate

ほかのProcreateユーザーも利用できるファイル形式です。ファイル内のデータには3Dモデルはもちろん、3Dモデルに描き込んだ描画内容の情報も含まれます。Procreateユーザー間でやり取りをする際に最適です。

USDZ／OBJ

USDZはiOSとiPadOSに適したファイル形式で、MacやiPad、iPhoneで閲覧や編集をしたい場合に利用されます。OBJはもっとも一般的な3Dのファイル形式です。Blenderなどほかのソフトウェアで3Dモデルを編集したい場合におすすめです。3Dプリントサービスでもよく使用されています。

イメージに使用できるファイル形式

JPEG／PNG

キャンバス画面に表示した状態の3Dモデルをイラストとして保存できるファイル形式です。JPEGはPNGより画質が劣りますが、ファイルサイズは小さいという長所があります。PNGはJPEGよりファイルサイズが大きいですが、もとのデータの画質を完全に維持できます。また、「環境を表示」（Sec.62参照）を無効にしている場合は、背景部分が透過された状態で書き出されます。

第9章 ● 3Dペイントの活用

TIFF

TIFFは書き出す際にデータを圧縮しないため、送付先でももとのデータの画質を完全に再現することができるファイル形式です。ファイルサイズは大きいですが、画質が維持されるため、印刷などで使用されます。

アニメーションGIF

3Dモデルを「照明スタジオ」で設定した環境でアニメーションとして書き出します。3Dモデルが一定の速度で回転やスイングをするループのアニメーションで、3Dモデルの全容を紹介したいときにおすすめです。

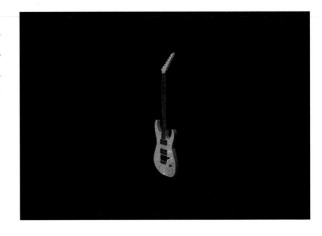

アニメーションPNG

アニメーションGIFと同様にループのアニメーションとして書き出します。「環境を表示」（Sec.62参照）を無効にしている場合は、背景部分が透過された状態で書き出されます。

アニメーションMP4

アニメーションGIFやアニメーションPNGと同様にループのアニメーションとして書き出しますが、JPEGのフレームをもとに書き出されるため、ファイルサイズを小さくできます。

アニメーションHEVC

アニメーションMP4と同じ内容ですが、背景部分を透過させることができます。アニメーションGIFやアニメーションPNGに比べ、ファイルサイズが小さい傾向にあります。

テクスチャに使用できるファイル形式

PNG

3Dペイントのテクスチャセット（Sec.61参照）を素材ごとにPNGとして書き出します。ほかのソフトウェアで作業する際に役立ちます。

> Blenderなどほかのソフトウェアで制作した3Dモデルをプロクリエイトで塗り、3Dソフトウェアなどで利用するといった活用が可能です。

第10章
アニメーション／漫画の作成

アニメーションアシスト、ページアシストを使うことで、Procreate でもアニメーションや漫画を作成することできます。作成したアニメーションをGIFやMP4形式で書き出したり、テキストを追加してキャンバスにセリフを入れたりと機能は充実しています。

Section
64

アニメーションを作成する

Procreateにはシンプルなインターフェースが特徴の「アニメーションアシスト」が用意されています。誰でも気軽にアニメーションを始めることができます。

Procreateでアニメーションを作成する

Procreateのアニメーションアシストを使ってアニメーションを制作してみましょう。アニメーションアシストを有効にすると、すべてのフレームの確認とプレビューの再生、アニメーションの設定などができるタイムラインが表示されます。アニメーションを制作する上で必要なほとんどの操作はタイムライン上で行われます。シンプルなインターフェースなので、アニメーションを作ったことがないユーザーでも気軽に始められます。また、作成したアニメーションはアニメーションGIFやアニメーションMP4などさまざまなファイル形式で書き出せるため、アップロードしたい場所や目的によって選択ができます。

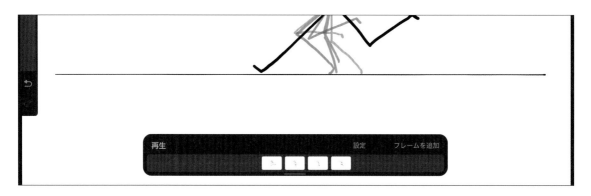

アニメーションアシストを表示する

1 キャンバス画面で ✦ → [キャンバス]の順にタップし「アニメーションアシスト」の ◯◯ をタップして有効にします。

2 「アニメーションアシスト」画面が表示されます。

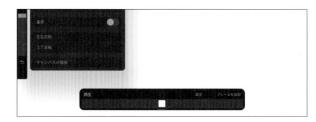

「アニメーションアシスト」画面のインターフェース

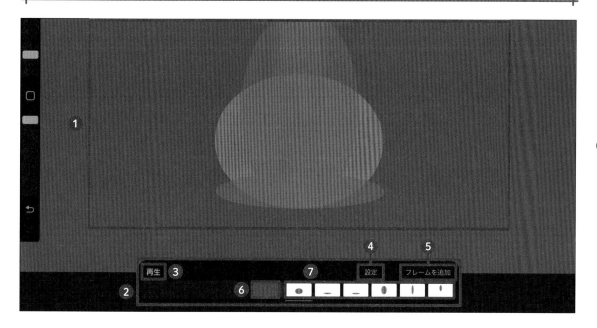

❶	選択中のフレームの描画内容が表示されます。前後数枚のフレームがオニオンスキン（Sec.65 参照）として半透明の状態で表示されます。
❷	タイムラインです。任意のフレームのサムネイルをタップするとそのフレームへ移動します。
❸	アニメーションのプレビューの再生、一時停止をします。
❹	アニメーションの設定の確認、変更をします（Sec.65 参照）。
❺	新規フレームを追加します。
❻	背景（Sec.68 参照）を設定している場合は、背景のフレームが表示されます。
❼	フレームが表示されます。タップするとフレームオプション（Sec.67 参照）を表示します。

MEMO ▶ レイヤーパネルで操作する

1枚のフレームは1枚のレイヤーとして扱われるため、レイヤーパネル（Sec.22参照）から追加した新規レイヤーは新規フレームとして使用できます。ほかにもフレームの削除や表示／非表示の切り替え、移動などもレイヤーパネルからできるため、操作しやすいほうを選びましょう。なお、通常の描画のようにレイヤーを使用したい場合は、レイヤーをグループ化（Sec.26参照）する必要があります。

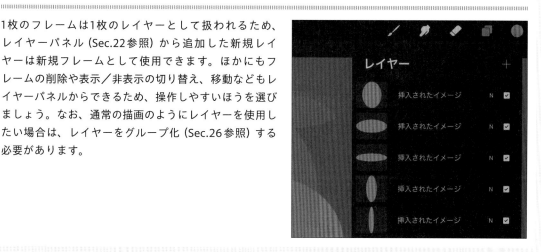

Section 65 フレームを操作する

画面下部に表示されているタイムラインには、フレームが表示されていて、タップするだけでフレームの切り替えができます。描画したいフレームはタップして選択しましょう。

フレームを操作する

1 「アニメーションアシスト」画面で任意のサムネイルをタップします。

2 タップしたサムネイルが選択された状態になり、キャンバス画面に描画できます。

選択中のフレームは、サムネイルの下に青い線が表示されます。

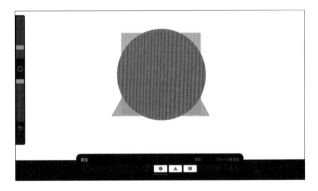

3 任意のサムネイルを長押しします。

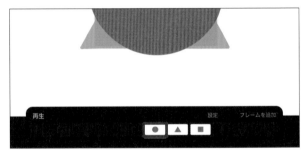

4 そのまま画面から指（Apple Pencil）を離さずに任意の位置までドラッグすると、フレームを移動できます。

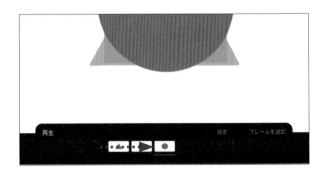

設定でできること

1 「アニメーションアシスト」画面で［設定］を
タップします。

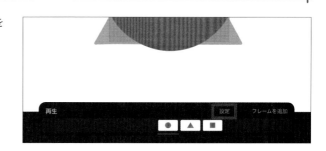

2 設定メニューが表示されます。「フレーム／
秒」のスライダーをドラッグすると、1秒あた
りのフレーム数を1枚から60枚の範囲で設定
できます。

3 「オニオンスキンのフレーム」や「オニオンス
キンの不透明度」のスライダーをドラッグす
ると、オニオンスキンの枚数や不透明度を変
更できます。

オニオンスキンとは、選択中のフレームの前
後数枚が半透明の状態で表示される機能で
す。

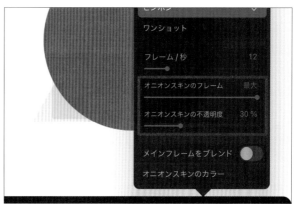

MEMO ▶ **アニメーションアシストを終了する**

キャンバス画面で ✦ →［キャンバス］の順にタップし、
「アニメーションアシスト」の ◯ をタップして無効にす
ると、アニメーションアシストが終了します。フレーム
は1枚のレイヤーとして残るため、描画を続けることも
可能です。

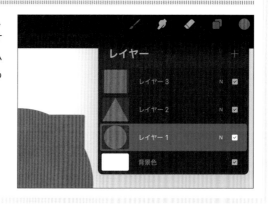

Section 66 ループアニメにする

アニメーションの再生方法は「ループ」「ピンポン」「ワンショット」から選択できます。このセクションではループアニメにする方法を紹介します。

ループするアニメーションにする

1 アニメーションアシスト画面で［設定］をタップします。

2 ［ループ］をタップします。

初期設定では「ループ」に設定されています。

3 設定が変更されます。［再生］をタップするとアニメーションの確認ができます。

MEMO ▶ ループ、ピンポン、ワンショットについて

Procreateではアニメーションの再生方法を「ループ」「ピンポン」「ワンショット」の3種類から選択できます。

ループ	最後のフレームまで再生すると最初のフレームに戻り、再生をくり返します。
ピンポン	最後のフレームまで再生すると、逆再生され最初のフレームに戻ります。この工程がくり返されます。
ワンショット	最後のフレームまで再生すると、再生が停止します。

Section 67

フレームオプションでできること

フレームを選択した状態で同じフレームのサムネイルをタップすると、フレームオプションが表示されます。フレームオプションでは複製や削除などフレームの管理が行えます。

フレームオプションから操作する

1 アニメーションアシスト画面で任意のフレームを選択した状態で、もう一度フレームのサムネイルをタップします。

2 フレームオプションが表示されます。［複製］をタップすると選択中のフレームのとなりに複製されます。［削除］をタップするとフレームが削除されます。

3 「保持する時間」のスライダーをドラッグすると、選択したフレームを設定したフレーム数分増やすことができます。フレーム数は120まで設定可能です。一時停止した印象を与えることができます。

> アニメーションアシストの使用中もグループ化（Sec.26参照）を利用できます。

MEMO ▶ 「保持する時間」の分のフレーム

「保持する時間」の調整によって増やされたフレームはタイムライン上では暗い色のサムネイルで表示されます。

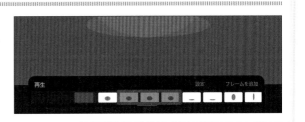

第 **10** 章 ● アニメーション／漫画の作成

Section 68 アニメーション背景を設定する

すべてのシーンに同じ背景を使用したい場合は「背景」機能を利用しましょう。1枚のフレームを背景に設定でき、すべてのフレームに表示されるようになります。

すべてのフレームに背景を設定する

1 アニメーションアシスト画面でいちばん左端のフレームのサムネイルをタップして選択します。

2 もう一度、サムネイルをタップすると、フレームオプションが表示されます。「背景」の ◑ をタップして有効にします。

> 背景に設定できるのはいちばん左端のフレームだけです。違う場所にある場合は、左端まで移動しましょう。移動についてはSec.65を参照してください。

3 左端のページの描画内容がすべてのフレームの背景として表示されます。

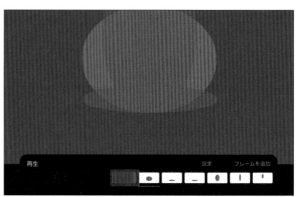

> 背景に設定したフレームをタップして再びフレームオプションを表示し、「背景」の ◑ をタップして無効にすると、フレームの「背景」設定が解除されます。

MEMO ▶ 前景を設定する

いちばん右端のフレームのフレームオプションを表示し、「前景」の ◑ をタップして有効にすると、前景を設定できます。手前側に常に表示させたいものがある場合は活用しましょう。

Section

69 アニメーションを共有する

作成したアニメーションはJPEGやPNGはもちろん、アニメーションGIFやアニメーションMP4などさまざまな形式で書き出すことができます。

アニメーションを共有する

1 キャンバス画面で◢→［共有］の順にタップします。

2 ファイル形式が一覧表示されます。任意のファイル形式（ここでは［アニメーションGIF］）をタップします。

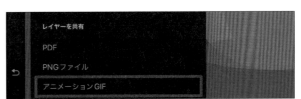

3 アニメーションの設定画面が表示されます。［最大解像度］または［ウェブ対応］のどちらかをタップして選択します。

「最大解像度」はファイルサイズが大きくなりますが高画質で書き出せます。「ウェブ対応」は画質は低いですがファイルサイズを小さくできます。

4 「フレーム／秒」のスライダーをドラッグすると、アニメーションの速度を調整できます。設定が完了したら［書き出す］をタップします。

5 共有方法をタップして選択します。iPadに保存したい場合は［画像を保存］をタップします。

Section
70

複数ページの作品を作成する

Procreate では複数ページのアートワークも作成できます。ページの切り替えがすばやくできるため、会議の資料にメモをしたり、漫画を作成したりとさまざまな場面で役立ちます。

アートワークを複数ページにする

1 キャンバス画面で ✎ → [キャンバス] の順にタップします。

2 「ページアシスト」の ◑ をタップして有効にします。

3 「ページアシスト」画面が表示されます。画面下部のタイムラインの [新規ページ] をタップします。

4 ページが追加されます。

5 タイムラインのサムネイルをタップするとそのページに移動し、描画することができます。

ファイルから複数ページのアートワークや PDF を読み込む

1 キャンバス画面で🔧→［追加］→［ファイルを
挿入］の順にタップします。

2 iPadの「ファイル」アプリが表示されます。
任意のファイルをタップします。

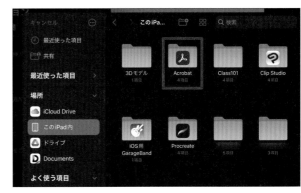

3 データが読み込まれ、キャンバス画面が表示
されます。複数ページの場合は「ページアシ
スト」が表示されます。

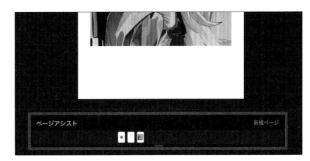

MEMO ▶ ドラッグ＆ドロップで Procreate に読み込む

iPadには複数のアプリを同時に表示する
「Split View」機能があります。「Procreate」
アプリと「ファイル」アプリを Split View で同
時に表示し、「ファイル」アプリ内の任意の
ファイルを「Procreate」アプリ上までドラッ
グすると、ドラッグ＆ドロップの操作だけで
ファイルを読み込むことができます。

Section
71

ページアシストでできること

ページアシストではグループ化（Sec.26参照）を使うことで複数枚のレイヤーも利用できます。
背景を固定したい場合は「背景」を有効にする方法もあります。

グループ化を使ってレイヤーを活用する

ページアシストの初期設定では1枚のレイヤーが1枚のページとして扱われます。複数のレイヤーを使いたいとき
は「グループ化」（Sec.26参照）をすると1枚のページとして扱われるようになります。

1 ページアシスト画面で任意のページのサムネ
イルをタップして選択し、■をタップしま
す。

2 レイヤーパネルが表示されます。■をタップ
します。

3 新規レイヤーが追加されます。グループ化し
たいレイヤーを右方向にスワイプして選択状
態にし、［グループ］をタップします。

4 新規グループが作成されます。グループは1
枚のページとして扱われます。

すべてのページに背景を設定する

1 ページアシスト画面でいちばん左端のページのサムネイルをタップして選択します。

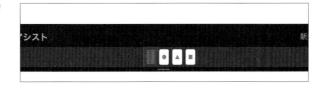

2 もう一度、サムネイルをタップすると、ページオプションが表示されます。「背景」の ◯ をタップして有効にします。

> 背景に設定できるのはいちばん左端のページだけです。違う場所にある場合は、左端まで移動しましょう。移動についてはSec.73を参照してください。

3 左端のページの描画内容がすべてのページの背景として表示されます。

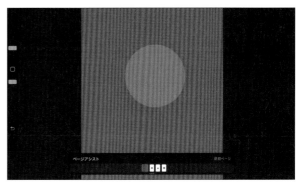

MEMO ▶ スケッチブック風にアレンジする

ページアシストの「背景」機能を使って、背景に紙質の素材を貼り付けると、スケッチブックの見た目にすることができます。ほかにも、方眼紙の素材を貼り付けてノートにしたり、図形や絵柄を貼り付けて塗り絵本にしたりと活用方法はさまざまです。

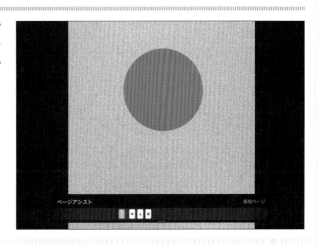

Section

72 テキストを追加する

漫画の制作にはテキストが欠かせません。セリフなどがテキストで入力されているだけでも漫画全体の完成度を大きく高めることができます。

テキストを追加する

1 キャンバス画面で ✎ →［追加］→［テキストを追加］の順にタップします。

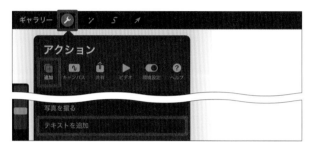

2 バウンディングボックスが表示されます。任意のテキストを入力します。

3 バウンディングボックスの枠内をドラッグするとテキストを移動できます。

> バウンディングボックスの右端と左端にある ● をドラッグすると、バウンディングボックスの大きさを変更できます。この操作ではテキストサイズは変更されません。

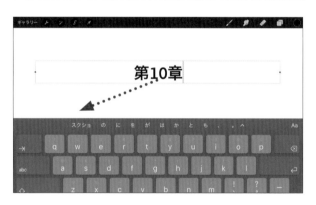

MEMO ▶ **テキストをラスタライズする**

追加したテキストに変形や調整などの編集を加えたい場合は、テキストをラスタライズしましょう。レイヤーパネル（Sec.22参照）を表示し、テキストのレイヤー →［ラスタライズ］の順にタップします。なお、一度ラスタライズするとテキスト内容の編集はできなくなるため注意しましょう。

スタイル編集パネルを表示する

1 P.176手順**2**の画面でバウンディングボックスを2回タップします。

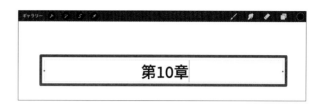

2 テキスト入力コンパニオンが表示されます。フォント名（ここでは [Eina01]）をタップすると、スタイル編集パネルが表示されます。

スタイル編集パネルのインターフェース

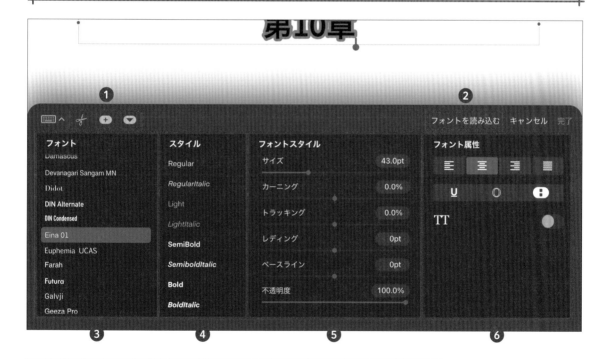

❶	テキストのカット、コピー、ペーストを行います。
❷	フォントを読み込みます。「.TTC」、「.TTF」「.OTF」ファイルが利用可能です。
❸	フォント（書体）を選択します。
❹	フォントに複数のバージョンが用意されている場合に表示されます。
❺	フォントのサイズや文字間や行間の距離、不透明度などを調整します。
❻	フォントの整列の仕方の変更、下線の表示／非表示の切り替え、縦書きへの変更などを行います。

Section 73 ページを管理する

「ページアシスト」画面ではページの複製や削除を行えます。ドラッグすることでページの移動も可能です。ページの整理に活用しましょう。

ページを移動／複製／削除する

1 「ページアシスト」画面で任意のサムネイルを長押しします。

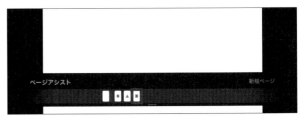

2 そのまま画面から指（Apple Pencil）を離さずに任意の位置までドラッグすると、ページを移動できます。

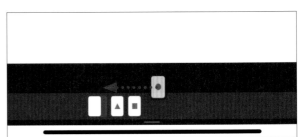

3 複製や削除をしたいページを選択した状態でサムネイルをタップします。

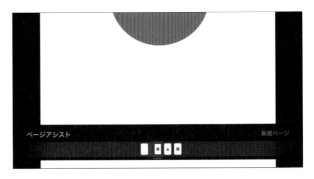

4 ページオプションが表示されます。［複製］をタップすると選択中のページの次ページに複製されます。［削除］をタップするとページが削除されます。

レイヤーパネル（Sec.22参照）からでも、ページの移動や複製、削除が行えます。

第11章
s!onのメイキング

1章から10章で学んだことを活用して、1枚のイラストを制作してみましょう。この章では、キャラクターイラストが完成するまでのプロセスを、描画の手順やその理由、コツも合わせて2つ紹介しています。イラストを描くときに参考にしてみてください。

Making 1-1 下書き

まずは下書きをしていきましょう。
自分が描きたいと思うものを描いては消してをくり返します。

キャラクターを描く

自分が描きたいと思うキャラクターを描きます。きれいに描かなくてよいので肩の力を抜いて描きましょう。

下書きの時点でイラストのイメージを固めておくと、イラストの進行速度やクオリティが上がります。この工程には時間をかけてよいと思います。

顔、髪、服を描いていきますが、キャラクターイラストの中でも重要な「顔」は描き込みの量を増やして描いていきます。

髪をなびかせてイラストに動きを付けます。この下書きでは風を意識していましたが、途中でベッドに横たわることで髪が散らかっているイラストに変わりました。

ここで使用しているブラシは「s!onペン」という私の自作ブラシです。

Making 1-2 カラーラフ

下書きが描けたらカラーラフを進めていきます。
どう制作を進めていきたいのかを考えながら塗っていきましょう。

好きな色を置いていく

好きな色や使いたい色を塗っていきます。カラーラフの仕上がりはイラストを描くモチベーションを保ち、クオリティ向上に繋がります。

黄色を画面の3分の1以上を占めている髪に使用しました。目に黄色の補色を入れることで髪を引き立てると同時に目にも視線がいくように誘導しています。

補色を入れることで黄色、補色の2色どちらも際立ちます。

> ### MEMO ▶ 補色について
>
> 補色とは色相環の反対側に位置する色のことです。赤色の反対は青緑、黄色の反対は青紫というようになっています。上のイラストは厳密にいうと補色ではなく、補色に近い色を使用しています。
> 補色どうしを並べた際にお互いの色が際立って見えることを「補色対比」と呼びます。魚の切り身パックの下に緑の葉が敷かれているのは、補色対比を利用して魚の赤みを際立たせて見せるためです。

メイン・サブ・アクセントカラー

いちばん見せたい色（メインカラー）、次に見せたい色（サブカラー）、アクセントカラーの3色を決めて色を塗っていきます。

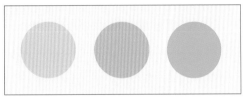

メインカラー：黄色（R：241、G：225、B：141）
サブカラー：ピンク色（R：226、G：196、B：223）
アクセント：水色（R：105、G：212、B：233）

メインカラー75％、サブカラー20％、アクセントカラー5％で配分すると、バランスがよくまとまりのあるイラストになりやすいです。

このイラストでは一度線画を描いて結合（Sec.26参照）することでイメージを固めています。
もとのカラーラフより髪の動きがわかりやすくなっています。

カラーラフの不透明度（Sec.25参照）を約20％にして、線画の上から結合しています。

182

レイヤー分けについて

レイヤーをわかりやすく分けることで、作業効率が飛躍的に上がると同時にレイヤーの選択ミスを防ぐことができます。

左の画像のようにレイヤーに名前を付けるとミスが減ります（Sec.27参照）。

MEMO ▶ レイヤー複製で保険を

レイヤーを分けると下書きに色を塗ってしまうなどのミスを防ぎ、作業効率も上がりますが、万が一、ミスをしてしまった場合に備えてレイヤーを複製（Sec.31参照）しておきましょう。複製したレイヤーを残しておく習慣を身に付けておけば最悪のケースを高確率で防げます。

下書き、カラーラフ、線画など、段階ごとにレイヤーを複製して残しておきます。ミスしたときや描きなおしたいときに役立ちます。

影の部分は、ブレンドモード（Sec.28参照）の「乗算」を使っています。通常のレイヤーであとから影を表現しようとすると、下に塗った色が潰れてしまうためです。

Making 1-3 厚塗り

カラーラフの上から厚塗りをしていきます。
難しい印象がありますが、慣れればとても楽しいのでコツコツ頑張りましょう。

レイヤーを分けて厚塗り

カラーラフの上にレイヤーを追加します (Sec.23参照)。そのレイ
ヤーに少しずつブラシを重ねていきます。カラーラフも活かしたい
ので、下地をすべて塗りつぶさないように意識しましょう。

布団で体を隠している構図に変更しました。メインカ
ラー、サブカラー、アクセントカラーに近い色を選んで
塗っていきます。

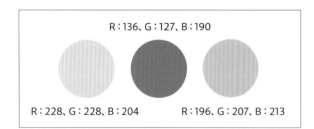

R：136、G：127、B：190

R：228、G：228、B：204   R：196、G：207、B：213

MEMO ▶ 厚塗りの利点

線画や色を別のレイヤーに分けて作成していくと構図の修正がしにくかったり、イラスト全体の色味や雰囲
気がまとまりにくかったりするのですが、厚塗りは修正しやすくイラストの雰囲気がまとまりやすいです。
レイヤー数も節約できるので、レイヤーを探す手間を省けます。

厚塗り修正

温かい朝の雰囲気に修正し、顔もまだ起きたくなさそうなイメージにしました。1～2枚のレイヤーで修正が完結するので作業が早く済みます。

P.184で使った色の「色相、彩度、明るさ」（Sec.50参照）を修正します。暖色に修正することで朝の雰囲気に近づきます。

before

after

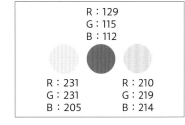

R：129
G：115
B：112

R：231
G：231
B：205

R：210
G：219
B：214

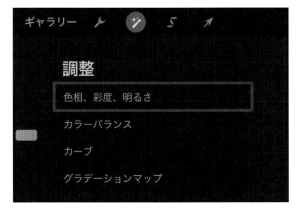

少しの色の変化で人が感じる印象は大きく変わってくるので、色は1%単位で細かく変えていきましょう。

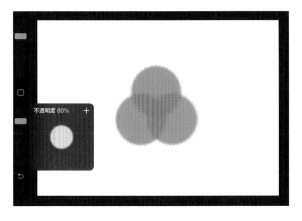

ブラシの不透明度（Sec.05参照）を80%にして、ブラシを重ねるように厚塗りすると、グラデーションも作れるため一石二鳥です。

顔をさらに印象深くする

キャラクターイラストにおける顔の重要性は高いので、表情作りに気を配りつつ可愛くなるように祈りながら描き込んでいきます。

右図の矢印のように髪を内側に向かって流すと顔に視線を集めやすいです。
周りの髪が分散しているので、露骨に中心に集中させる形でよいと思います。

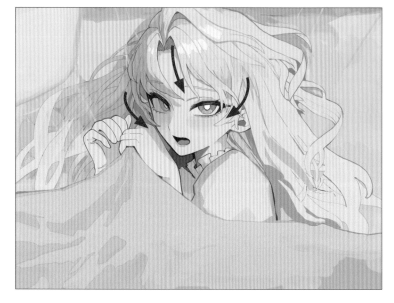

つり目でも少し緩やかな曲線に修正すると優しい印象になります。
影も落としすぎないようにすると、顔がふっくら見えてより優しくなります。

左右反転（P.021参照）して顔や構図のバランスを確かめます。少し時間をおいて見てみるのも修正箇所を発見しやすいのでおすすめです。

色を調節する

布団の色を暖色に変更することでほかの箇所も暖色に変化します。

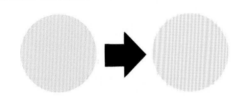

R：241、G：221、B：208　　R：198、G：223、B：216

第 **11** 章 ● sion のメイキング

MEMO ▶ 偶然の産物

ColorDrop（Sec.34参照）の色の変化の仕方はある程度使っていると予想ができるようになります。それでも、自分の予想していなかった色の変化をすることがあります。色で悩んで先に進まないときには偶然の力に頼るのもデジタルイラストならではです。

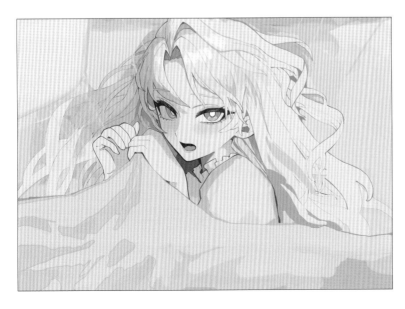

色の変化を楽しめて、別の視点も模索でき、気分転換にもなるので積極的に ColorDrop を使っていきましょう。

背景を描き込んでいく

背景を描き込んでいきます。キャラクターが置かれている状況や環境をしっかり表現することでイラストの説得力が増します。

ベッドのシーツや枕を描き込みます。下地の色を残しながら描いていきます。

資料をいくつか集めて、それを参考に背景を描き進めましょう。資料集めに時間はかかりますが、描く時間の短縮やクオリティアップに直結します。

白黒バランスを見て明暗の調節をするために、イラストを書き出してグレースケールにします。

イラストのうしろを暗めに描き、手前側のハイライトを1段階増やしました。より立体感が出たかと思います。

大きく光を描く

日差しを表現しやすいよう、大きな塊を描くようにハイライトを入れます。

朝の光が部屋に差し込んでも、このイラストほど全体的に明るくはなりませんが、そこは嘘を描いています。

乗算で塗る色はイラストのメインカラーやサブカラーに近い色を選ぶと、雰囲気を壊しにくいです。

MEMO ▶ "消して描く" 手順

①レイヤーのブレンドモードを「乗算」に設定し、ColorDropで画面全体を塗りつぶします（Sec.28参照）。
②ハイライトにしたい部分を消しゴム（Sec.16参照）で消します。

1-4 調整

完成が見えてきたら、レイヤーのブレンドモード（Sec.28参照）を使って空気感を演出したり、エフェクトをかけたりして色味を調整していきます。

発光と乗算

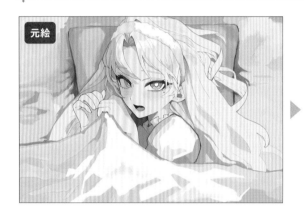

少しの変化ですが、このような少しの調整の積み重ねがイラストのクオリティに作用するので1%ずつ変化の仕方を確認しながら描いていきます。

塗りつぶした乗算レイヤー（Sec.28参照）に消しゴムをかけることで、光を描いていきます。

画面の情報量が少ないと感じたので、この描画のあとに、背景に本を追加しました。上手に小物を入れられると見栄えがよくなります。

MEMO ▶ 消しゴムで光を描く

ブレンドモード「発光」で光を描いても、「乗算」を消しながら光を描いても、同じ光を描くので大差がなさそうに感じますが、手順や手法が違うだけで印象は大きく異なります。自分のイラストに合うやり方を試しましょう。

小物を少し追加して色味をさらに自分好みに変えていきます。フィルターをかけて雰囲気を整えて完成です。

❶のいちばん明るい色を
ColorDropで淡い水色に変更
して❷にします。❶の上に❷
をおいて、光や髪の部分を消
します。
その上に❷の不透明度を
50%に調整して❸として配置
し、結合します。

布団のテクスチャは自作に
なります。カラフルな縦ス
トライプです。

写真アプリのフィル
ターやPhotoshopな
どで調整します。

今回は黄色をかけて、ピンクや水色を普段よりも霞ませてみました。
朝の雰囲気をまとった優しい印象のイラストになったと思います。

Making 2-1 下書き・線画

次に「ナース」のイラストを制作します。まずは下書きをしていきましょう。
コンセプトを決めると描きやすいのでおすすめです。

線を意識して描く

自分が描きたいと思うキャラクターを描きます。ナース服でこちらを威嚇している女性のキャラクターを描こう
と思い、描き進めました。

下書きの段階で、位置やバランスを7割以上決めます。　線の流れ、強弱を意識しながら線画を描きます。

線画の時点で、レイヤーを「体」「髪」「装飾」などのように部位ごとに
分けると、修正があった際に便利です。たとえば髪型を変えたいと
いったときに対応ができます。

こまめにレイヤー名を書いたり残したりするのは作業ミスした際の保
険にもなります。間違ったレイヤーに色を塗ってしまったときなどに
役立てましょう。

カラーラフ

Making 2-2

下書きが描けたらカラーラフを進めていきます。
どう絵を進めていきたいのかを考えながら塗っていきましょう。

好きな色を置いていく

好きな色や使いたい色を塗っていきます。カラーラフのできはイラストを描くモチベーションを保ち、クオリティ向上に繋がります。

線画を描いてからカラーラフを作成したため、この時点でほぼ完成のように見えますが、「まだまだ」と思って描き進めます。

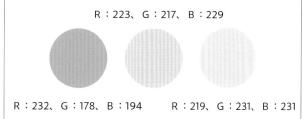

R：223、G：217、B：229

R：232、G：178、B：194　　R：219、G：231、B：231

一色塗ったら、それを広げるようにして濃淡や陰影を表現すると、手際よく作業が進みます。広げる際は不透明度を下げたブラシやぼかしを使います。

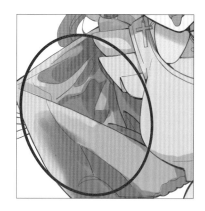

MEMO ▶ 線画と厚塗り

ひとくくりに「絵」といってもさまざまな描き方や用途があります。パーツごとに絵を動かすような、ミュージックビデオやLive2Dなどへの使用を意識すると線画のレイヤー分けは都合がよいです。もちろん、厚塗りでレイヤー分けは可能ですが、絵の基本である線をあえて取り入れて厚塗りするというのも使用用途の幅が増えるためよいのではないかと思っています。

色を変更していく

カラーラフで塗った色が正解かどうかはわからないため、もう少し最適な色を模索していきます。

色を変更する

ピンクから紫に変更しました。「悪そうな
ナース」という情報を伝えようと思ったた
めです。

影を描き込む

影を描き込み、キャラクターの存在感を高
めていきます。立体感というよりは、見せ
たいものを前に出すイメージで描きます。

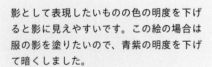
影として表現したいものの色の明度を下げ
ると影に見えやすいです。この絵の場合は
服の影を塗りたいので、青紫の明度を下げ
て暗くしました。

色を追加していく

色を塗り足し、画面を華やかにしていきま
す。追加する色には作家性がわかりやすく
表れる気がしています。

またまた色の変更

絵を描いていると色に悩んで決めきれないときがあります。毎回、工程がスムーズにいくわけではないです。

色を変更する

結局、紫からピンクに戻しました。理由としては、「威嚇 = 怖い、悪そう」よりも「威嚇しているけど、かわいい」のほうがよいと感じたためです。

加筆していく

肌の色や目元の色を塗っていきます。顔に色を足すことで、目線を顔に誘導しやすくする目的があります。

いったん完成

目元に化粧を施し、さらに影を入れていったん完成しました。当初はこれでよいと思っていましたが、やはり納得がいかなかったため、描き直します。

2-3 取捨選択

何時間もかけて描いた絵を振り出しに戻すことには勇気が必要です。
しかし、取捨選択を行うことで結果としてよい絵ができるのであれば行いましょう。

絵を戻す

上図のカラーラフまで絵を戻しました。このように大きな修正の際はレイヤーの複製（Sec.31参照）が役に立ちます。ここまでは「かわいい」と感じたため、戻して慎重に描き直します。

まずは影から入れていきます。P.194と同様に見せたいものを前に出すイメージで描き込みます。

影を入れる際、ブレンドモード「乗算」（Sec.28参照）を使用すると、影色をうまく表現しやすいです。

光を描く

影が入るということは画面の中に光があるということです。影だけでも光を表現できますが、色味を足すという意味合いも込めて光を描き込みます。

影のレイヤーを結合（Sec.27参照）し、光などを描き込むレイヤーを新規作成します。

光が当たっている箇所に明るい色を置いて、ぼかし（Sec.16参照）で色を引き伸ばしながら、グラデーションを作りましょう。

このイラストでは、光の色はメインカラーに近い色を選んでいます。

顔周りのアクセサリーの色を暗い色で囲むことで、よりかわいい顔が引き立ちます。

ピンクとグレーの相性がよいので、アクセサリーには少し黒いグレーを使用します。暗い色で明るい色（顔周り）を囲むと視線が中央に集まりやすいです。

明暗を確かめる

白と黒のバランスを確かめます。白が多すぎると印象が薄くなってしまいますし、黒が多いと絵のテーマから遠ざかってしまうため調整します。

彩度の高い色が多いため見栄えはよいですがどこか物足りなさを感じたので、一度イラストをグレースケールにして白黒のバランスを見てみました。もっといろいろな黒が使われてもよい気がしたため、明暗の幅をさらに出していきます。

黒を入れたいと思った箇所に鉛筆ブラシでシャシャっと黒を入れてみました。実際には黒ではない色を塗り、白黒のバランスを見た際に黒くなっていなければならないため、少し難しいところです。

いったん画像を書き出して比較するという確認をくり返します。黒っぽい色を追加していくだけではなく、慎重に色を足していきます。

グレースケールにしたときに黒くなっていて、それでいてカラーのときには黒さが目立ちしすぎない色を確認しながら模索します。

雰囲気を崩さないように、赤黒い色（R：134、G：35、B：56）をチョイスして調整しました。一度失敗して描き直したため冒険は控えました。

MEMO ▶ 少しの違いの積み重ね

絵は線や色の重なりによって表現されます。下地が少しおかしいと、上に重なるものもそれに合わせて少しずつ偏ります。それに気が付くのが遅れると、まったく想定していなかった絵になるので注意が必要です。

厚塗りで加筆する

厚塗りで加筆していきます。あくまで調整するイメージなので、下地をつぶしすぎないように気を付けます。

描く前に線画の色を変更しました。顔周りをかわいくしたかったため、青寄りの黒から赤寄りの色にして、肌となじませます。

主に顔周りを厚塗りで加筆します。顔周りの情報量を増やすことで、より視線を集めやすくしたいという意図です。

厚塗り用に線画とカラーのレイヤーを結合します。

結合前に各レイヤーを複製しておきましょう。

目元や髪のラインを上から描き込んでいきます。

黒い色を目元や髪のラインに使用して、線の流れや色のメリハリを加えます。

Making 2-4 背景

キャラクターイラストをさらに映えさせるために背景を描いていきます。
今回描く背景はなるべくブラシのタッチを残さないように描きます。

背景を描く

ベースにピンクを塗りつぶします（Sec.34参照）。水色のグラデーションを描いて、緑色でグリッド線を描きます（Sec.55参照）。

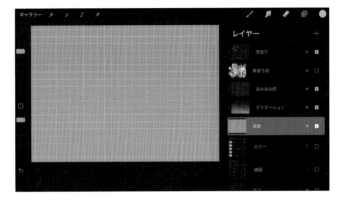

キャラクターを表示させて色味を確かめながら、背景の色を調節します。

キャラクターが目立ちながらも、浮かないように背景を描きます。背景というより「柄」を意識するとよいです。

グラデーションをかけましたが、グレースケールにしたときに1色のグレーになるように明度を調整しています。キャラクター以外に情報を詰めすぎないようにするためです。

Making 2-5 調整

完成が見えてきたらブレンドモード（Sec.28参照）を使って空気感を演出したり、エフェクトをかけたりして色味を調整していきます。

なじませて一枚絵にする

元絵

オーバーレイ「70%」

背景の色でキャラクターの黒服が浮いて見えるため、キャラクターの下部分にブレンドモード「オーバーレイ」を使って色を塗ります。抽象的になりますが、背景と一体化させるイメージです。

MEMO ▶ 色の調節のコツ

「何色を何色に変えれば色がなじむのか」がわからない場合は、とりあえず違和感がある色を調整の「色相、彩度、明るさ」（Sec.50参照）から変更してみましょう。メインカラー、サブカラーを上のレイヤーに塗ってブレンドモードで色を変えるのもおすすめです。

ひとまず完成ですが、ここから編集や加工を使って絵のクオリティを少しでも上げます。

iPadの「写真」アプリのフィルターを使用して、絵の雰囲気を自分好みに変えていきます。

彩度が高い絵は好きなのですが、この絵では若干彩度を落として「大人ガーリー」な雰囲気にしようと思い、フィルターを模索しました。

今回採用したフィルターは「ドラマチック（冷たい）」です。髪の明度が若干下がりました。背景の彩度も下がったため、キャラクターが前に出て見えるようになりました。

今回は全体的にピンクでまとめました。かわいいだけではなく、少し大人な雰囲気や色気が色で表現できた気がします。あえて大きく描いた手は描き込みをせず、顔やその周辺を加筆してイラストの情報量をコントロールしたのは正解でしたし、思い切って描き直ししたことも正解でした。

索引 index

数字・アルファベット

2D グリッド	144
3D ペイント	152
3D モデルパック	152
ColorDrop	092
FacePaint	013
Procreate	010
Procreate Pocket	015
QuickMenu	026
QuickShape	029,138
SwatchDrop	104

あ行

アートワーク	034
アートワークの削除	046
アイソメトリックガイド	145
明るいインターフェース	023
アクション	021
アシストされた描画	142,150
値	102
アニメーションアシスト	165
アルファロック	078
色収差	134
インストール	016
インターフェース	018
遠近ブラー	128
遠近法ガイド	146

か行

カーブ	124
回転対称	149
ガイドオプション	149
カスタムキャンバス	038
カラー	019
カラーパネル	090
カラーバランス	124
カラープロファイル	039,106
環境設定	022
基準（アクション）	102
基準（レイヤーパネル）	080,157
ギャラリー	034
ギャラリーの入れ替え	035
キャンバス	018
キャンバスをプロジェクト	024
共有	043,160
クラシック	098
グラデーションマップ	125
グリッチ	132
グループ	069
グループ化	075
クローン	136
消しゴム	019,049
高度なカーソル	024
高度な機能	021
コピー＆ペースト	029

さ行

最近の項目 ……………………………… 059

サイズと不透明度のツールバー ……… 025

サイドバー ……………………… 020,023

ジェスチャ ……………………………… 028

ジェスチャコントロール ………… 025,030

しきい値 ………………………………… 093

色相、彩度、明るさ …………………… 123

下へ結合 ………………………………… 080

シャープ ………………………………… 130

修正ボタン ……………………………… 020

消去 ……………………………… 029,078

照明スタジオ …………………………… 158

新規キャンバスの作成 ………………… 037

新規レイヤーの作成 …………………… 072

すぐ下と組み合わせる ………………… 080

スタック ………………………………… 040

スナップ ………………………………… 119

スピード取り消しの遅延 ……………… 025

スポイト ………………………………… 095

選択 ……………………………… 021,109

選択ツールバー ………………………… 109

選択部分のマスクの透明度 …………… 025

選択モード ……………………………… 110

た行

対称ガイド ……………………………… 148

タイムラプスビデオ …………………… 044

遅延 ……………………………………… 031

調整 ……………………………… 021,122

調整アクション ………………………… 125

ディスク ………………………………… 096

テキストを追加 ………………………… 176

透過 ……………………………………… 085

ドラッグ＆ドロップ …………………… 173

な行

塗りつぶしを続ける …………………… 094

ノイズ …………………………………… 129

は行

ハーフトーン …………………………… 133

ハーモニー ……………………………… 100

背景 ……………………………………… 170

背景色 …………………………………… 085

パレット ………………………………… 104

反転 …………………………… 021,079,118

筆圧とスムーズ ………………………… 024

描画アシスト …………………………… 079

描画ガイド ……………………………… 142

描画ツール ……………………………… 019

描画パッド ……………………………… 060

ブラシ …………………………………… 054

ブラシカーソル ………………………… 024

索引 index

ブラシスタジオ………………………………060

ブラシセット………………………………052

ブラシのサイズ……………………………020

ブラシの動的なサイズ調整………………023

ブラシの不透明度…………………………020

ブラシのライブラリ………………………051

プリセット………………………037,039

ブルーム……………………………………131

フルスクリーン……………………………029

フレーム……………………………………166

フレームオプション………………………169

プレビュー…………………………………036

ブレンドモード……………………………081

ペイント…………………………019,048

ページアシスト……………………………172

変形………………………………021,115

変形ツールバー……………………………115

変形モード…………………………………116

ぼかし……………………………019,049

ぼかし（ガウス）…………………………126

ま行

前のカラー…………………………………096

マスク………………………………………078

マスクをクリップ…………………………079

右利きインターフェイス…………………023

名称の変更…………………………………035

モーションブラー…………………………127

モデル………………………………………012

もとに戻す………………………020,029

や行

やりなおす………………………020,029

ゆがみ………………………………………135

指を使ったペイント………………………032

読み込む…………………042,064,073

ら行

ラスタライズ………………………………176

履歴…………………………………………098

レイヤー…………………………019,068

レイヤーオプション………………………076

レイヤーの削除……………………………088

レイヤーの選択……………………………071

レイヤーの複製……………………………087

レイヤーの不透明度………………………074

レイヤーのロック…………………………086

レイヤーパネル……………………………070

著者プロフィール

s!on

イラストレーター／漫画家。ミュージックビデオのイラストなどを手掛けており、イラスト講師も務める。目を惹くスタイリッシュなイラストが得意で、鮮やかな色彩は若い人を中心に人気を集める。YouTube では、自身のイラストのメイキング動画や解説動画を発信している。

Twitter https://twitter.com/sion001250

YouTube https://www.youtube.com/@son3674

著者コメント

この本を手に取っていただきありがとうございます。

Procreate 独特の描き味や操作方法は、ほかのソフトでは表現できない「自分の絵」を完成させるのに適していると思います。ほかのソフトとの操作性の違いに戸惑うこともあると思いますが、その際はこの本を活用していただけますと幸いです。

11 章のメイキングは Procreate での作業に慣れてきた方や、たくさん絵を描いている方の参考になるように作成しましたので、抽象的な表現が多く初心者の方には読み取りにくいかもしれません。そういう方は焦らずゆっくり第 1 章からステップアップしていきましょう。遠いようですが、それが上達へのいちばんの近道になると思います。

この本を活用した方が絵を楽しく描き続けられることを願っております。

お問い合わせ先

〒 162-0846
新宿区市谷左内町 21-13
株式会社技術評論社　書籍編集部
「今日からはじめる Procreate イラスト入門」質問係
FAX 番号　03-3513-6185
なお、ご質問の際に記載いただいた個人情報は、ご質問の返答以外の目的には使用いたしません。
また、ご質問の返答後は速やかに破棄させていただきます。

技術評論社 Web ページ
https://book.gihyo.jp/116

お問い合わせ先について

本書に関するご質問については、本書に記載されている内容に関するもののみとさせていただきます。本書の内容と関係のないご質問につきましては、一切お答えできませんので、あらかじめご了承ください。また、電話でのご質問は受け付けておりませんので、必ずFAX か書面にて下記までお送りください。
なお、ご質問の際には、必ず以下の項目を明記していただきますようお願いいたします。

1　お名前
2　返信先の住所または FAX 番号
3　書名（今日からはじめる Procreate イラスト入門）
4　本書の該当ページ
5　ご使用の端末とソフトウェアのバージョン
6　ご質問内容

お送りいただいたご質問には、できる限り迅速にお答えできるよう努力いたしておりますが、場合によってはお答えするまでに時間がかかることがあります。また、回答の期日をご指定なさっても、ご希望にお応えできるとは限りません。あらかじめご了承くださいますよう、お願いいたします。
ご質問の際に記載いただいた個人情報はご質問の返答以外の目的には使用いたしません。また、返答後はすみやかに破棄させていただきます。

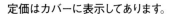

今日からはじめる Procreate イラスト入門

2023 年 8 月 5 日　初版　第 1 刷発行

著者………………………… s!on
発行者…………………… 片岡 巌
発行所…………………… 株式会社 技術評論社
　　　　　　　　　　　　東京都新宿区市谷左内町 21-13
電話……………………… 03-3513-6150　販売促進部
　　　　　　　　　　　　03-3513-6181　書籍編集部
編集……………………… リンクアップ
担当……………………… 落合 祥太朗
ブックデザイン……… 宮下 裕一
レイアウト・本文デザイン … リンクアップ
製本／印刷…………… 図書印刷株式会社

ISBN 978-4-297-13597-3　C3055
Printed in Japan